生态环境保护与大气监测

牛卫萍　马　卫　著

北京工业大学出版社

图书在版编目（CIP）数据

生态环境保护与大气监测 / 牛卫萍，马卫著． — 北京：北京工业大学出版社，2022.12

ISBN 978-7-5639-8538-8

Ⅰ．①生… Ⅱ．①牛… ②马… Ⅲ．①生态环境保护－研究②大气监测－研究 Ⅳ．① X171.4② X831

中国版本图书馆 CIP 数据核字（2022）第 248724 号

生态环境保护与大气监测
SHENGTAI HUANJING BAOHU YU DAQI JIANCE

著　者： 牛卫萍　马　卫

责任编辑： 李　艳

封面设计： 知更壹点

出版发行： 北京工业大学出版社

（北京市朝阳区平乐园 100 号　邮编：100124）

010-67391722（传真）　bgdcbs@sina.com

经销单位： 全国各地新华书店

承印单位： 河北赛文印刷有限公司

开　本： 710 毫米 ×1000 毫米　1/16

印　张： 11

字　数： 220 千字

版　次： 2022 年 12 月第 1 版

印　次： 2022 年 12 月第 1 次印刷

标准书号： ISBN 978-7-5639-8538-8

定　价： 72.00 元

作者简介

牛卫萍，宁夏吴忠人，毕业于中央民族大学，现任职于吴忠市生态环境局（吴忠市生态环境保护综合执法支队），环境工程类高级工程师。主要研究方向：生态环境保护。

马卫，宁夏吴忠人，毕业于宁夏大学，研究生学历，现任职于吴忠市科信环境检测有限公司，担任技术负责人，环境工程类高级工程师。主要研究方向：生态环境保护。

前　言

　　随着社会的迅速发展，生态环境保护日益受到社会的广泛重视。环境监测作为生态环境保护的关键步骤，其监测结果直接影响到生态环境保护的效果。在全球变暖现象日益突出的今天，各国越来越重视大气环境质量。从目前我国的实际情况来看，进一步加大大气监测力度，有针对性地开展生态环境保护与治理工作俨然已成为我国社会建设与经济发展的必要保障。

　　全书共六章。第一章为绪论，主要阐述了生态与生态系统、环境与环境系统、环境污染与人体健康、生态环境保护的发展历程等内容；第二章为自然资源的利用及环境保护，主要阐述了水资源的利用与环境保护、土地资源的利用与环境保护、生物资源的利用与环境保护、矿产资源的利用与环境保护、海洋资源的利用与环境保护等内容；第三章为生态环境保护中的大气监测，主要阐述了大气监测的产生与发展、大气监测的目的与分类、大气环境监测的应用与布点等内容；第四章为城市生态环境保护与大气监测，主要包括城市生态系统概述、城市生态环境现状、城市生态环境保护策略、大气监测对城市生态环境的影响等内容；第五章为农村生态环境保护与大气监测，主要包括农村生态系统概述、农村生态环境现状、农村生态环境保护策略、大气监测对农村生态环境的作用及其应用策略等内容；第六章为生态环境评价与可持续发展，主要阐述了生态环境质量评价、生态环境影响评价、生态环境可持续发展的实施路径等内容。

　　在撰写本书的过程中，笔者借鉴了国内外很多相关的研究成果以及著作、期刊、论文等，在此向相关学者、专家表示诚挚的感谢。

　　由于笔者水平有限，书中有一些内容还有待进一步深入研究和论证，在此恳切地希望各位读者朋友予以斧正。

目　录

第一章 绪论

随着社会的发展，人类过分开垦土地资源，建设工厂、建筑等设施，产生了众多污染物，造成了环境污染，因此，为了维持生态系统平衡，从 1973 年开始，我国就开始了对生态环境的保护。生态环境保护问题一直是社会发展的重要方面。本章分为生态与生态系统、环境与环境系统、环境污染与人体健康、生态环境保护的发展历程四个部分。

第一节 生态与生态系统

一、生态

（一）生态概念的原初含义

西方"生态"（Eco-）一词表示"栖息地""居住之地"，词根来源于 Oikos。在生态概念明确前，西方社会对生态环境的思考就一直存在。古希腊哲学家强调人与自然的和谐相处是人生的目的。古罗马时期有学者在《自然史》中指责人们对资源的滥采。在文艺复兴时期，达·芬奇（Da Vinci）指责人类破坏自然的暴行，指出人类是"万物的坟场"。

中国"生态"一词的发展和中国历史发展密切联系。中国在历史上很长一段时间处于农耕社会，农业文明对自然环境有较强依赖性。在人力无法抗衡自然力的背景下，中国古人密切关注大自然规律，使用农耕伦理的观念来阐明生态观。儒释道作为中国古代思想的精华蕴含了中国古人对"生态"概念的理解。儒家思想经典著作《论语》阐释自然规律是"四时行焉，百物生焉"，大自然的四季发展更替，自然中的万物按照规律生长，天道无须言明，表示自然运行规律具有客观性。《论语·述而》中"子钓而不纲，弋不射宿"表达了古人对自然生态资源合理利用的思想。道家思想的经典著作《道德经》中有"自然而然"的表述，主

1

张人们按照"道"的原则尊重自然界的规律和准则。"天地与我并生，而万物与我为一"体现了庄子的"天人合一"思想，是中国古代生态观的典型代表。道家庄子有"同与禽兽居，族与万物并"。佛家思想中有"众生平等""普度众生""泽被草木"，表达了佛家思想中万物皆有灵，尊重所有生命的生态观。

整体上看，东西方古代社会对"生态"一词的理解主要是指人类所处的客观自然环境，对于人与自然的关系持积极保护态度，主要表现为顺应自然规律进行劳动。这种生态观和人类社会早期人力远低于自然力、生产能力低、劳动生产依赖于自然、"靠天吃饭"有很大联系。

（二）生态概念的当代意蕴

自 20 世纪以来，人类社会进入快速发展阶段，经济飞速发展的同时环境污染比历史上任何一个时期都严重。人类利用工具改造自然的能力前所未有地增强，对大自然进行了对象化改造，而过度改造自然最终导致环境受损严重，自然无法通过自身调节能力恢复生态平衡，最终引起了生态危机。目前，全球生态危机已经成为当前人类面临的最大挑战，主要生态问题是自然生态系统遭到破坏、环境污染严重、自然资源匮乏等。面对严峻的生态挑战，人类开始研究破解生态困境的思想理论，重视人与自然的关系，对生态内涵做出符合当今时代的阐释，改善人与自然关系。"生态"概念在现实需求推动下内涵不断丰富，适用范围不断延伸。

随着人们对自然的思考和研究不断深入，"生态"包含的内容更加丰富。从定义上讲，"生态"只是生物与所在外部环境的相互作用关系，其中的"外部环境"不单单指生物环境和非生物环境，还包括人文环境。例如，网络环境、文化环境、政治环境等都属于"生态"的人文环境。生态研究的对象越来越丰富，生态学作为一门学科也越来越全面。当前，人类对生态系统的研究范围已经扩大到生物圈，学科研究更加重视交叉学科研究，例如，从地理学、化学等学科角度研究生态。除了自然科学之外，人类对生态学的研究也开始结合社会科学，从当下的社会问题出发思考生态环境问题。自 20 世纪以来，生态学的研究重点是群落，生态学也开始具有从描述到定量，从静态到动态，从局部到整体，从单纯观察到实验分析的新特征。其实，生态学的科学原理和基本内容可以应用在人类日常生产实践中。

当前，全球人口数量迅速增加给自然环境带来了压力，环境被破坏，同时自然资源也濒临匮乏，这些现实问题使现代生态学的研究发展更加注重以人为中心。当前，生态学研究的主体对象也发生了变化，从环境、生物整体转变成人类主体，以人类为主的生态系统成为生态学研究的主要内容。现代生态学的视野更加广阔，从单纯研究生物环境扩展到研究当代社会，同时现代生态学的丰富研究成果也对解决当下生态危机发挥了积极作用。

在当下的使用语境中，生态已经不仅仅表示自然环境，还包括人类社会各个领域，是社会内部多个领域的和谐统一。另外，当生态表示地球生物圈系统时，代表了地球作为一个巨型生态系统，其中的各个部分之间和谐统一，地球中的生物有机体之间彼此联系，不可分割。

总之，在现代生态学定义中，生态主要表示人类和自然共同存在的环境，是人在环境中和其他因素相互作用形成的状态，也是对人与自然和谐相处的理想状态的形容，是生物有机体与所在环境达到的和谐的状态。

二、生态系统

（一）生态系统的概念

生态（Ecology）一词源于古希腊语，意为家或者我们的环境。生态一词最早是美国博物学家梭罗（Thoreau）于 1858 年提出的，由希腊文中的"oikos"（"房屋"或"居住地"）和"logos"（"论述"或"研究"）两个词根组合构成。就其本意而言，生态就是研究生物与其居住场所，即环境之间关系的学问。而关于"生态学"概念则由德国生物学家海克尔（Haeckel）于 1866 年提出并进行了初次定义，即"生态学"是研究动物等有机体与周围有机环境与无机环境之间所存在的全部关系的科学。在此之后，生态学一直倾向于自然范畴的研究，并逐渐成为一门独立的学科。直至 1962 年《寂静的春天》这一科普读物的问世打破了人们对自然世界原本的看法和观点，人与自然的关系被纳入视野，并成为生态学研究的新范畴，这也是生态概念的第一次突破。

生态系统（Ecosystem）这一科学名词在 20 世纪 30 年代由英国植物生态学家坦斯利（Tansley）首次提出，他认为居住在同一地区的所有动植物及其环境是结合在一起的，整个系统包括生物复合体和环境中各种自然因素的复合体；这种由生物与环境形成的自然系统是生态学上的功能单位。

生态系统的概念被不断丰富，许多科学家对生态系统理论和实践做出了巨大贡献。20 世纪 30 年代，有科学家做了大量研究，揭示了生态系统中营养物质的流动规律，构建了营养动态模型；此外，还有科学家对生态系统的能量流动进行了深入的研究。20 世纪 50 年代以来，科学家们创造性地提出了生态系统发展中结构和功能特征的变化规律。

生态系统是指在一定区域内共同栖居着的所有生物及其与环境之间形成的关系的统一整体，系统内不断地进行能量流动和物质循环。它是具有一定自然或人为边界的功能系统单位，在生态过程中具有物质、能量和信息的输入和输出。

从热力学的角度来看，生态系统是由生物体和复杂的物理环境组成的自组织、多层次开放的系统，由于能量、物质和信息的流动而相互连接。

生态系统被认为是生物组织的一个单元，由一个特定区域（即群落）中的所有生物组成，并与物理环境相互作用；在系统中，能量流动导致形成特有的营养结构和物质循环。

20世纪80年代末，科学家们对生态系统边界问题的解决提供了方法和思路，指出生态系统是生物及与之发生相互作用的物理环境所形成的开放系统；生态系统是个超级系统，包括了动物、植物、微生物及其依赖的非生物环境，各不同成分之间相互作用。

生态系统是在一定空间范围内，生物群落与其非生物环境通过能量流动、物质循环、信息传递而形成的相互作用、相互依存的动态复合体。生态系统是一定空间范围内，由生物群落与其环境所组成的，基于能量流、信息流、物质流、物种流和价值流等形成的稳态系统。

当下，对于生态系统存在如下共识：①生态系统是一个客观存在的实体，具有时间、空间的概念；②它以生物为主体，也包含非生物成分；③生态系统处于动态之中；④系统对来源于外界或内部的干扰具有适应和调控的能力。

（二）生态系统相关理论

1. 生物多样性理论

生物多样性是用来描述自然界中各种生命形式的组成多样化程度的概念，是判断生态系统健康程度及价值大小的重要指标，其内涵包括了动物、植物和微生物物种的类型多样性，物种遗传与变异发生的多样性以及生态系统的多样性等三个方面。各类物种的多样性，是生物多样性概念的核心和直接表现，一个生态系统中各类生物体的多少及其类型数量，直接显示了该生态系统的生命承载能力。生物数量多、类型丰富，则说明该生态系统的营养物质循环功能完整，生命环境稳定，也在一定程度上说明了生态系统结构和功能的稳定性，因此，生物多样性可以视为特定生态系统健康程度的重要标志。遗传与变异的多样性，是生物体所携带的各种遗传和变异信息的总和，它显示了生态系统种物种基因的丰富程度。基因的多样性是生物进化和物种分化的基础。在一个生态系统中，生物基因之间的交流，是其生命支持功能的结果，也是物种多样性的基础。生态系统的多样性是指各类生物与其生存环境共同构成的特定综合体的效用，包括了生境的多样性、生物群落的多样性以及生物生态过程的多样性等。生境是物种繁衍和生存的基本环境，生境的多样性是生态系统多样性的前提，而生物群落的多样性及其演替则反映了生态系统类型的丰富和演化趋势。

2. 生态学理论

生态学是研究有机体与其周围环境相互关系的科学。生态学理论最早是由德国生物学家于 1866 年提出的，后于 1869 年再次指出生态学的研究重点，即自然界的生态群落与所在环境组成了一个整体，各要素产生物质、能量、信息上的流动或循环，从而相互联系、相互制约，并形成具有自我调节功能的复合系统。德国生物学家的研究不仅确立了生态学，还使生态学研究对象从"个体""群落"转向生态系统的整体发展和完善。如今，生态学理论历经了 150 余年的发展，已经拥有了自己独立的研究主体及内容，即从生物个体与环境的相互影响（小环境）至生态系统不同层次有机体与环境的相互影响（大环境）。生态学又被称为生物、生命系统与环境三方面研究组成的科学。不仅如此，在系统论、控制论、信息论等方法论引入后，生态学大环境方面的研究——生态系统不同层次有机体与环境的关系，发展为生态系统理论的雏形。1935 年，生态系统的概念正式被提出，即生态系统是包括有机复合体、形成环境的整个物理因子复合体的整体系统，这个系统内部要素多种多样，既可相互识别又能自我维持。1969 年，生物学家将生态学定义为"研究生态系统结构与功能的科学"，大大提升了生态系统理论在生态学理论中的重要地位。生态系统研究在生态学研究基础上从更高结构探讨生态群落和环境之间的关系，是更高级别的生态学研究。

早在 1986 年，生物学家基于生态学研究，强调生态系统的主要特征不能仅局限于生态学中简单的生物群落和非生物环境的聚集，而且要进一步考察环境中各要素之间的相互作用和协同进化。该观点影响了生态系统特征方面的研究，使生态系统的特征一方面强调组成要素，另一方面强调要素间的共同发展、协同进化。这种生态系统的共生、协同发展的思想在当今全球一体化、经济新常态化的背景推动下，深入社会学、经济学、管理学等众多领域。

3. 可持续发展理论

可持续发展思想的产生，是人类在长期实践和探索的基础上，反思人类社会发展实践中所面临的诸多生态与环境问题后的结果，是一种革新的发展观念。世界环境与发展委员会（WCED）在 1987 年发表了《我们共同的未来》，首次科学阐述了可持续发展的概念，提出可持续发展是一种既能够满足当代人的发展需要，又不会对后代人满足其需要的能力造成危害的发展方式。该论述很快便得到了管理者和研究者的认同，成为可持续发展理论的思想基础。

1992 年，巴西的里约热内卢召开了联合国环境与发展大会，大会共同签署了《里约宣言》和《21 世纪议程》，从实践层面上接受并推介了可持续发展理念。在此之后，可持续发展的理念在国际社会中得到了广泛的认同，成为统领人类社会共同致力于解决发展与资源环境间矛盾问题的重要思想指针。

从核心内容来看，可持续发展概念的构成主要包括三个基本方面。

第一，可持续发展必然是以人为中心的发展，发展是为了满足人的需要，而素质提高、潜能发挥、价值实现等都是人的发展的主要表现，这一发展观念与福利经济学中人类社会发展的终极目标有许多相似之处。

第二，可持续发展还是一种力求实现经济、社会与环境相协调的发展。

第三，可持续发展要求实现"公平与效率"，其中公平是指当代间的公平、代际之间的公平以及区域之间的公平，而效率则是指在发展过程中需要高度重视自然资源的使用效率等。可持续发展理论是综合性理论，融合了社会学、经济学、地理学、生态学等多个学科的理论和思想，也在随后的发展中逐步衍生出了各个学科方向的分支理论。

在世界范围内，随着与可持续发展相关的科学研究和管理实践的普及与深入，如何实现发展的可持续已成为人们不懈探索的焦点问题，研究与讨论的热点问题是国家层面的区域可持续发展战略的实施以及具体行动计划的可行性等。可持续发展领域在重视理论研究的同时，也十分注重实践研究，并且已经在全球范围内开展了区际、国际的合作项目，影响深远。此外，指导和帮助发展中国家实现经济、社会与环境的协调发展成为实践行动的主题之一，而环境和生态问题更是成为多个层面上研究与实践的重点。

随着可持续发展理论研究的逐步深入和完善，可持续发展研究的重点也在向国家发展战略的可持续转移，尤其重视区域可持续发展的实践研究。近年来的相关研究成果主要具有下述特点：①研究视野面向全球范围，特别强调区际间和国际间的联合行动；②关注发展中国家的可持续发展问题，研究内容主要包括调整经济结构、解决发展与资源环境之间的矛盾等；③重视对环境保护与生态平衡等问题的研究。

强调以人为中心的可持续发展，其实质还是强调人类的共同福祉，这是以人类活动与自然的和谐统一、经济发展与社会发展的和谐统一以及区域之间的协调发展为前提的。传统的发展观念中，都渗透着人类中心论的概念，将人与自然放在两个不同的维度甚至是对立的层面，认为人与自然的关系是单向的，人类可以无节制地从自然中获取自己所需要的各类产品。工业革命以后，人类的生产能力极大提高，对自然的利用和改造能力也变得更加强大，但传统的发展观念并未出现明显的更新。于是，人类的发展对自然造成了巨大的破坏，这种破坏突破了传统观念中对单向关系的认知，人类社会开始遭受自然的报复。面对这种情形，我们不得不重新审视并思考人与自然的关系，对过去的行为进行深刻的反思。这需要人类改变既有的生产方式、消费方式和价值观念等，停止对环境的污染和对资源的掠夺，尊重自然生态系统的发展规律，实现人类福祉的持续。

可持续发展理论体系由三个不同层面的内容组成，即经济层面的可持续发展、社会层面的可持续发展、资源与环境层面的可持续发展。这三个层面的内容是相互联系、相互作用的整体，是可持续发展在不同领域的具体表现。

经济的可持续发展，是人类可持续发展目标得以最终实现的物质基础，物质财富的积累有利于促进社会的整体进步，也可从物质资料和技术发展两个角度为资源和环境问题的解决提供必要的保证。社会的可持续发展是人类可持续发展的终极目标之一，人是社会经济活动的主体，只有人的自由与全面发展得以实现，才能通过调节保证资源、环境、文化、经济等要素协同发展的实现。人的发展是社会发展的核心，社会的发展是人的发展的结果，是维护人类福祉的基础。资源环境的可持续发展是实现可持续发展的前提，人类的发展离不开其生活的自然综合体，资源和环境的破坏将直接威胁人类的生存空间，经济和社会发展更加无从谈起。因此，自然生态系统生产力与功能的持续，是保证人类生存与发展的基本条件，也是经济与社会发展的重要前提。

（三）生态系统的特性

1. 整体性、有限性和复杂性

生态系统具有整体性、有限性和复杂性。其中，整体性强调的是生态系统是一个整体的功能单元；有限性指的是生态系统中的各种资源以及空间和循环能力都是有一定限度的，内部不同的生物群落都按一定节制生长，保持一定的密度；复杂性是指生态系统各个组成要素之间三维的相互作用，通常超越了人类大脑所能理解的范围。生物多样性是生态系统最显著的特征之一，是生态系统复杂性的一个标志。

2. 开放性

生态系统是一个开放的、远离平衡态的热力学系统。开放性是一切自然生态系统的共同特征和基本属性。生态系统的开放性表现在以下几个方面。①全方位开放是生态系统的首要特点。②进行熵的交换：通过不断摄入能量，将代谢过程中所产生的熵排入环境。③生态系统内部组分互相交流。④由于其开放性，生态系统本身结构和功能处于动态发展中，且该种发展具有不可逆性。

生态系统是开放的系统，与周围环境不断交换能量和熵，导致生态系统内部结构和功能的不断演变。从根本上说，生态系统是一个接收、收集、转化和消散太阳能的热力学系统，能量流动的路径多样而复杂，因此具有多样化的形式和服务。生态系统是一个实体开放的系统。它是不可简化的，其庞大的复杂性，使得我们不可能知道所有的细节信息，只能指出其发展的偏好性和方向。

3. 自组织系统及其反馈功能

生态系统是一个自组织系统，在开放的条件下，通过系统内在的自我调节能力来适应变化了的外部环境，以便能够不断地从外部环境中吸取负熵，抵消并超过系统内所产生的无序，从而使系统的有序度不断增长。为维持长期稳定，生态系统借助大量的正负反馈来进行自我组织和自我调节。反馈是指生态系统的输出口将信息通过一定通道反送至输入口，进而变成了输入信号，可决定整个系统未来功能变化。生态系统具有正负反馈，分别指增强、削弱系统功能作用；两种反馈相互交替、联合作用，维持着生态系统的稳态。

4. 生态系统的基本特征

生态系统的基本特征：①是一个动态系统；②内部的营养级的数量是有限的；③具有物质循环、能量流动和信息传递三大功能；④内部具有自我组织、自我调节以及自我更新能力；⑤是生态学上的一个结构和功能单位。

（四）生态系统的构成

生态系统主要由生物成分和非生物环境构成，其中生物成分以生产者、消费者和分解者三者为主。生物成分可以从非生物环境中获取维持自身生存的能量以及营养成分，而非生物环境则为生物成分提供了适宜其生长的生活环境。生态系统内部各组成要素之间相互关联且相互之间发生作用关系，形成一种相对固定的组织结构。常见的结构形态为食物链和食物网，主要由各个物种之间取食和被取食所构成。

（五）生态系统的分类

根据环境中水分的情况，可将地球上的生态系统划分为水生生态系统和陆生生态系统两大类型，在这两大类下可再分成 17 个主要生态系统类型，如表 1-1 所示。

表 1-1 生态系统类型划分表

水生生态系统				陆地生态系统	
淡水生态系统		海洋生态系统		荒漠	热荒漠
流水(溪、河)	急流	海岸线	岩石岸		冷荒漠
	缓流		沙岸		
静水(湖、池)	滨水带	浅海		苔原	
	表水带	上涌带		极地	
	深水带	珊瑚礁		高山	
		远洋	远洋上层（上）	草原	干草原
			远洋中层（中）		草甸草原
			远洋深层（中）	稀树干草原	
			极深海（底）	寒温带针叶林	
				温带落叶阔叶林	
				亚热带常绿阔叶林	
				热带森林	热带雨林
					热带季雨林

也有学者将地球上的主要生态系统类型分为四种，包括陆地生态系统、湿地生态系统、海洋生态系统和人工生态系统，如表 1-2 所示。

表 1-2 地球表面主要生态系统类型

陆地生态系统	湿地生态系统	海洋生态系统	人工生态系统
荒漠：干荒漠、冷荒漠	沼泽	远洋	农业生态系统
苔原（冻原）	盐沼	珊瑚礁	林业生态系统
极地	红树林	上涌水流区	渔业生态系统
高山	淡水	浅海（大陆架）	城市生态系统
草地：湿草地、干草原	静水：湖泊、池塘、水库等	河口（海湾、海峡、盐沼泽等）	公路生态系统

续表

陆地生态系统	湿地生态系统	海洋生态系统	人工生态系统
稀树干草原	流水：河流、溪流等	海岸带、沿岸、沙岸	
温带针叶林			
亚热带常绿阔叶林			
热带雨林：雨林、季雨林			

森林生态系统是以乔木为主体的生物群落及其非生物环境（光、热、水、气、土壤等）综合组成的生态系统，是陆地生态系统中面积最大、最重要的自然生态系统。森林生态系统提供的服务包括调节气候、生物生产、水供应和净化、授粉以及为生物提供栖息地。

湿地生态系统是开放水域与陆地之间过渡性的生态系统，结构和功能较为独特。湿地具有过渡性景观，是重要的物种基因库，人类生活和科学的资源库。

海洋生态系统的初级生产力虽然远比陆地生态系统低，但转化的层次和效率却明显高于陆地。同时海洋生态系统生物生产有多种控制机制，使得食物网也更加复杂，稳定性也低。

（六）生态系统的功能

生态系统的基本功能是生物生产、能量流动、物质循环和信息传递，它们是通过生态系统的核心——有生命部分，即生物群落来实现的。

1. 生物生产

生物生产包括植物性生产和动物性生产。绿色植物以太阳能为动力，水、二氧化碳、矿物质等为原料，通过光合作用来合成有机物，同时把太阳能转变为化学能储存于有机物之中，生产出植物产品。动物采食植物后，经同化作用，将采食来的物质和能量转化成自身的物质和潜能，从而不断繁殖和生长。

2. 能量流动

能量的流动是从自养生物到异养生物，再到不同营养级的异养生物。通常来说自养生物是指植物，异养生物是指动物和人。只有植物可以通过吸收土壤中的水、阳光等，将其转化为自身需要的能量，异养生物通过摄食植物获取能量，不同异养生物之间再通过捕食与被捕食的关系传递能量，形成能量的流动。

能量流动是自然生态系统通过食物链使不同生物之间相互联系相互作用的一种途径，而另一个途径就是物质循环，物质循环是能量流动的载体，能量流动则是物质循环的前提，二者不可分离，共同构成了生态循环圈。

3. 物质循环

物质循环是指各种各样的化学元素在生物圈中沿着一些特定的途径，从外部环境进入生物体当中，再从生物体重新返回到外部环境。与能量流动过程是单线型不同，物质循环是一个循环往复的过程；能量流动提供生物生存所需能量，物质循环则提供了化学元素。我们把这些通过不同的方式进行的物质循环称为生物地球化学循环。生物地球化学循环的类型有两种：一种是气体型，它主要是通过空气和水进行循环的；另外一种是沉积型，主要是在土壤和地壳圈中的岩石层中进行循环。

生态系统通过能量流动和物质循环进行运转。物质循环的主要方式有：微生物分解、动物排泄、植物与植物之间的直接循环、光能直接作用的物理形式、燃料燃烧的利用等。在这么多物质循环中，人类主要通过使用机械能或者物理介入的方式参与其中。例如，为了加速物质循环中的某一步骤，从而达到快速完成物质资料积累的目的，给农作物施加化学肥料，满足农作物生长所需，从而获得高产。

研究发现，在物质循环的过程中总是伴随着能量的流动。循环不是一项免费的服务，总是需要一定的能量消耗。人类在循环当中通过加入其他能量来满足自身生存和发展的需求，一旦这些能量加入过多，则有可能导致某一环节循环出现堵塞，进而影响整个生态系统的运转。这就要求人们正确认识自然，在人类社会发展的同时，维持人与自然关系的和谐。

4. 信息传递

生态系统信息流动是一个复杂的过程：一方面，信息流动过程总是包含着生产者、消费者和分解者等亚系统，每个亚系统又包含着更多的系统；另一方面，信息在流动的过程中不断地发生着复杂的信息转换。归纳起来，信息流动可有以下一些基本的过程。第一，信息的产生，其过程是一种自然的过程。只要有事物存在，就会有运动，就具有运动的状态和方式的变化，这就是生态系统中的信息。第二，信息的获取，指信息的感知和信息的识别。信息的感知是指对事物运动状态及其变化的知觉力。第三，信息的传递，包括信息的发送处理、传输处理和接收处理等过程环节。

信息传递与能量流动和物质循环一样，都是生态系统的重要功能，它通过多种方式的传递把生态系统的各个部分联结成一个整体，具有维持系统稳定的功能。

生态系统中信息传递的作用：①维持生命活动的正常进行和生物种群的繁衍；②调节生物的种间关系，维持生态系统的稳定。

第二节　环境与环境系统

一、环境的概念

广义的环境是指某一主体周围一切事物的总和；特定的环境包括政治或社会环境、舞台或者条件。1866年，德国学者将"环境"一词在生态学科中使用，表明生物是环境的主体。环境是某一特定生物体或群体以外的空间，包括影响（直接或间接）这一特定生物体或群体生存与活动的外部条件的总和。《中华人民共和国环境保护法》也明确规定："本法所称环境，是指影响人类生存和发展的各种天然的和经过人工改造的自然因素的总体，包括大气、水、海洋、土地、矿藏、森林、草原、野生生物、自然遗迹、人文遗迹、自然保护区、风景名胜区、城市和乡村等。"该法律条文进一步将某一特定生物体或群体明确为人类。因此，环境的定义：直接或间接影响到人类生存与发展的各种天然的或经过人工改造的自然因素的总和。

二、环境系统的组成

（一）聚落环境

聚落环境主要担当人类进行群居生活的场所，是人类利用和改造自然而创造出来的与人类关系最密切的环境，包括院落环境、村落环境、城市环境。

①院落环境——居住区。

②村落环境——村庄。

③城市环境——更高度人工化的环境。

（二）地理环境

地理环境处于地球表层，包括：岩石圈、水圈、大气圈、土圈、生物圈等，相互制约、相互渗透、相互转化、相互交错，与人类生产生活密切相关。

（三）地质环境

地质环境指地表下的岩石圈。地表下的岩石圈为人类生产生活提供能源、矿产，而人类对矿藏能源的破坏性开采和不合理利用造成生态平衡失调，产生了很大危害，成为环境保护中最受关注的问题。

将人类生存环境置于太阳系中来评价其现状与未来。人类居住的地球是一颗神奇的天体，我们生存环境中的能量主要来自太阳，因此生命的起源与演化以及人类的未来都与太阳系的演变息息相关。迄今为止，我们所知道的唯一有高智慧生物居住的星球就是地球，所以认识和研究人类生存环境与太阳系的关系对地球的环境保护具有极其重大的意义。

第三节　环境污染与人体健康

一、环境污染的概念

《恢复我们环境的质量》明确写道，"环境污染是指环境发生了对人类不利的变化，具体指通过能源结构、辐射水平、物理和化学组成及大量有机物的变化，对环境造成直接或间接的影响。主要甚至全部是由人类活动造成了这些变化，这些变化可以直接影响人体健康，或者影响人类所需的水、空气和农畜产品，影响人类休憩的机会和对自然的欣赏"。污染可以是任何物质（固体、液体或气体）或是能量（放射性辐射、热、声音、光）的形式变化。污染物是环境污染的组成部分，可以是外来的物质或能量，也可以是天然存在的污染物。尽管环境污染可能是由自然事件引起的，但污染一词通常意味着污染物具有人为来源，即人类活动造成的来源。因此，环境污染的定义是，人类活动使得有害物质或因子进入自然环境中，随后这些物质经过扩散、迁移与转化的过程，使整个环境系统的结构和功能发生了不利于人类生存与发展的变化。

二、环境污染对人体的影响

（一）大气污染对人体健康的影响

大气污染物影响人体的方式有三种，即人类皮肤表面接触大气污染物、含有污染物的食物和水被误食、呼吸含有高浓度污染物的空气。其中，呼吸含有高浓度污染物的空气远比前两种对人体的危害更大，轻者造成呼吸道感染或引发肺部疾病，重者可能导致中毒。如发生在英国的伦敦烟雾事件，工厂排放的二氧化硫与空气发生氧化，又与水蒸气结合形成硫酸被人吸入肺部，高达 12 000 人在这次污染中丧生。此外，长期暴露于受污染的大气中对人心理健康的影响也不容忽视。有研究表明，大气污染物与神经系统疾病有着密切关系。

（二）土壤污染对人体健康的影响

土壤质量是土壤生命力和环境净化能力在外界条件改变下的体现与量度，重金属污染将会对土壤环境产生不利影响，严重时甚至会造成土壤生态环境恶化。重金属不同于有机污染物可被降解去除，其具有隐蔽性、难治理性、不可逆性、长期性等特点。一旦重金属进入土壤，就难以消除和降解，毒性会随时间延长而累积。当浓度超过可允许的范围时，重金属首先会对微生物产生影响，引起土壤酶活性、呼吸强度降低，造成微生物生物量、微生物群落结构和多样性等生态特征的变化。严重时会破坏微生物细胞的结构和功能，导致原有优势微生物数量骤减，甚至灭绝。

土壤能够为农作物提供生长所需的基本营养元素，但重金属的存在将会改变钾的形态，降低氮、磷的有效性，同时抑制农作物对钙、镁等矿物的吸收和转运，从而引起农作物的新陈代谢紊乱，使其出现生长迟缓、植株矮小、叶片发黄的现象。同时，植物的吸收作用会使重金属富集在农作物中，从而引起农作物产生毒害响应，造成农作物产量和质量降低。我国农业农村部调查显示，重金属污染导致我国粮食产量每年减产 1×10^7 t，重金属污染的粮食每年达到 1.2×10^7 t，总损失金额至少 200 亿元。

重金属在农作物体内富集，随着食物链的传递转移到人体，危害人类健康。早在 20 世纪初，日本发生的"痛痛病""水俣病"就是由重金属造成的公共危害病。近年来，"镉米风波""儿童血铅超标"等事件又频频发生，使得土壤重金属污染问题再次进入人们的视野。重金属在人体内不易排出，当进入机体的重金属含量超出人体能够承受的最大限值时，将会引发各种疾病，严重的还会致畸、致癌和致突变。

不同的重金属会引起人体不同的病理反应。例如，铅进入人体后会对血液循环系统造成伤害，导致人体贫血，引起头晕、目眩、乏力等，且儿童比成年人对铅更敏感，进入体内的铅会损伤包括大脑在内的多个神经系统。镉入侵会使骨密度降低，提高骨折发生概率，同时对人体的肾、肝、肺、心血管产生不可逆的损伤，引发肾结石、肺炎等疾病。汞的存在会影响细胞的生长和功能，危及人的神经系统、消化系统及损伤肾脏。铬含量过高可能会造成遗传性缺陷，引起恶心、腹痛，经皮肤侵入可能会造成皮炎等。而人体内积蓄过多的铜元素，会引起铜中毒，造成机体代谢紊乱，严重的会导致急性肾功能衰竭。

（三）水体污染对人体健康的影响

水体污染将直接影响人类的健康和生命安全。世界卫生组织（WHO）分析了农业来源和工业来源产生的主要污染物以及威胁人类健康的污染物，它们包括砷、铅、汞、氰化物，这些污染物对人类健康有很大的影响。此外，农业肥料和农药的过量使用也会对人体的内分泌和神经系统产生影响。

目前，水体中的污染物对人体健康的不良影响越来越大。在经济持续发展的过程中，可能出现更多的新污染物，需要有效地加以预防。为了充分减少水污染对人体的巨大危害，需要加强对水污染的防治，尽可能地消除污染物，并加强对生态系统的保护。

（四）噪声污染对人体健康的影响

1. 对人类听觉系统的影响

噪声污染不同于大气污染和水污染，其属于物理性污染。当产生的噪声达到一定量时，就会对人们的身体健康产生不良影响。长期处于噪声环境尤其是高频噪声环境之中不利于人体健康。噪声对于人体的损害首先发生在听觉系统上，其危害程度不仅仅与受害人接触噪声的强度、频率和时间有关，还与接触噪声的人们的心理和生理状态紧密相关。在理论界，噪声对于人类听觉系统的损伤在功能改变上的表现形式的划分方法存在两分法和三分法。两分法是将噪声导致的听觉阈值改变分为暂时性阈移和永久性阈移。暂时性阈移是指人们在接触噪声后引起的听觉适应和听觉疲劳，此时虽然听觉皮质层器官的毛细胞会受到一定程度的损害，但是当脱离该噪声环境时，即可恢复到正常听力。而永久性阈移则是指长期遭受噪声的侵扰，导致人们的听力受损或者产生噪声性耳聋，此时听力并不会因为噪声的停止而恢复到正常阈值。而三分法则是在前者的基础上将爆震性耳聋从噪声性耳聋中单列出来作为一种独立的类型。

此外，从接触噪声的时长来看，长期接触强噪声的病理表现为耳鸣、听阈移位、高频听力丧失，甚至出现不可逆的听力损伤和耳聋。从噪声强度来看，我国理论界通常认为，当噪声强度高于 85 ～ 90 dB 时，人们就会感觉到吵闹，长期处于该噪声环境下，神经细胞就会受到损害；并且经过实证研究后发现 80 dB 以上的噪声对婴幼儿的危害更大。据临床医学统计，若在 80 dB 以上噪声环境中生活，造成儿童耳聋的概率可达 50%。当噪声强度处于 90 ～ 100 dB 时，处于该环境的人们会出现听力受损的状况，此时若及时离开噪声环境并就医处理，还可修复已经受损的听力系统。如果前一次接触噪声所引起的听力受损状况未能完全恢复又再次接触噪声，则会导致听觉系统受损程度加重，最终造成感音神经性聋。当噪声强度处于 100 ～ 130 dB 时，人们则感到难以忍受，几分钟后则会出现暂时性耳聋，严重时则可能损伤内脏器官。当人体突然暴露在高强度噪声（140 ～ 160 dB）环境中时，则极易产生内耳出血和组织结构的损坏，同时发生鼓膜破裂，甚至发生螺旋体基底脱落等严重创伤，导致脑震荡。

为了维护人类共同的声环境、指导不同国家和地区针对各自情况制订声环境质量值，世界卫生组织于 2000 年针对不同环境噪声强度对人们身体健康和生活状况的影响发布了一系列声环境质量指导值。其中指出，在工业、商业和交通领域以及室内外中，噪声强度在 70 ～ 100 dB 会导致人们不同程度的听力受损。而在居民生活区中，昼夜噪声强度达 50 dB 就会严重影响人们的正常生活。此外，德国刑法学界也针对噪声强度对人类身体健康的影响进行过探讨，虽然对导致人身损害的噪声强度应为多少分贝没有达成统一意见，但是德国理论界认为，因噪声污染导致了听觉系统损害或者神经系统产生病理性疾病，就属于刑法上所规制的"危害结果"。

2. 对人类其他方面的影响

世界卫生组织于 2014 年 9 月针对噪声污染致害发布了报告。该报告指出噪声不仅仅会影响人们的睡眠和心理，还会引发各类心血管疾病。用金字塔来表示噪声对人们的影响程度则最为形象。自下而上来看，金字塔的底端和第二层级意味着噪声往往会导致大多数人产生心理不安等不良情绪和压力指数上升等生理反应。金字塔第三层级则意味着长期处于噪声环境会增加各种疾病的发病概率。而第四层级和第五层级则代表着严重的噪声污染会损害人们的身体健康，甚至导致死亡。虽然该份研究报告是基于欧洲国家得出的结论，不同国家、民族的噪声污染状况以及人们的身体和心理状况可能会导致研究结论存在出入，但是该份报告能够较为准确且全面地指出噪声对于人们身体和心理健康的不良影响，有利于引起我国对噪声污染危害性的重视，也为我国各领域研究噪声污染对人体的损害状况提供了一个预设前提和评判参考。

随着近年来噪声污染事件频发、声环境质量每况愈下，我国理论界也开始关注噪声污染对于人体的损害状况，并通过理论和实证研究分析噪声强度与作用时间长短对人们身体和心理健康的影响。通过实证研究发现，噪声会导致神经系统功能紊乱。持续性的中低频噪声对神经系统功能的生理损害主要包括：大脑皮层功能紊乱、抑制与兴奋平衡失调，心悸、耳鸣、头疼等典型的神经衰弱症状。长期遭到噪声的侵扰轻则导致人们产生紧张、忧郁等不良情绪，重则可能导致抑郁症。此外，噪声作用于中枢神经系统时同样会引起机能性肠胃障碍和胃动力障碍，使人食欲缺乏、精神不济，严重时还会导致胃溃疡等疾病。

（1）噪声会导致心血管疾病

噪声会使交感神经紧张，从而造成心悸、心律不齐、血管痉挛、血压升高等。长期在高噪声环境下工作的人们与低噪声环境下的情况相比，高血压、动脉硬化和冠心病的发病率要高 2 ～ 3 倍。

（2）噪声会导致消化系统疾病

长期处于噪声环境之中尤其是高频噪声环境之中，极易产生胃肠器官慢性变形、十二指肠溃疡等消化系统疾病。

（3）噪声会损害孕妇和婴幼儿的人身健康

大量实证研究表明，长期处于噪声环境之中，会导致女性正常生理机能受损。特别是对于较长时间处于 100 dB 以上强度噪声环境的孕妇来说，轻则会显著提升孕妇妊娠高血压综合征发生概率，重则可导致怀孕的妇女流产、难产甚至产下畸胎。胎儿在母体之中，也会因为母体处于噪声环境之中而出现听力明显下降的症状，甚至会使胎儿在母体时就已经耳聋。此外，母体较长时间处于高强度噪声环境中，会严重影响胎儿脑部正常发育，严重时可能损伤胎儿脑部，使胎儿智力下降。流行病学以及医学领域实证研究调查表明，在噪声污染严重的地区内，孕妇流产和早产的发生率比未被噪声污染的地区高，新生儿的体重普遍较轻且新生儿的智力相较于安静环境中的儿童要低 20%。

尽管噪声污染对人体生理系统及器官产生的不良影响通常情况下未达到轻伤以上的标准，但是不可否认的是，现今流行病学以及医学领域中已经证实，长期处于噪声环境之中会导致人类听觉系统受损、孕妇以及胎儿身体受损。因此，当行政机关采取行政处罚还无法规制该类行为时，则需要用刑法予以规制。

（五）电磁辐射污染对人体健康的影响

过量的电磁辐射会造成污染，损害人体健康。一些发射功率大的无线电设备如广播电视台、高压变电站、气象雷达站等，甚至一些微功率的设备如公众对讲机、蓝牙耳机等，就连家电如电磁炉、电吹风等都会产生电磁辐射，对人体有着不同程度的影响。而这些电磁辐射看不见、摸不着，无法感知，而且穿透性很强，从而威胁人体健康。

随着电磁技术的发展，大量的电磁设备进入我们的生产和生活中，造成了电磁辐射污染。目前，电磁辐射污染已经成为一种新的污染源，并且是对人类健康危害最大的污染源之一。电磁辐射污染对人体的危害主要表现为三个效应：累积效应、热效应和非热效应。一些科学家通过长时间的实验，得出以下论断：假如人长时间待在过强的电磁辐射环境下，可能会影响人的循环、免疫、代谢等功能，甚至诱发诸如癌症等严重的疾病；对于儿童来说，有可能造成智力损害。受电磁辐射影响较大的是儿童、孕妇等人群。

第四节　生态环境保护的发展历程

一、起步发展阶段

1973 年第一次全国环境保护会议的召开，标志着我国环境保护工作的正式开启。1978 年改革开放以来，我国的经济实现了飞跃式发展，取得了巨大成就，与此同时，环境保护工作也在逐步发展。1979 年 9 月，《中华人民共和国环境保护法（试行）》颁布，正式建立了环境影响评价制度，其中明确规定了所有建设单位在其厂址选择、设计、施工建设、运营生产等全过程中都需采取措施，防止对环境产生污染和破坏，并且建设项目的新建、改扩建、技术改造等所有工程，都必须按国家规定编制对应的环境影响评价文件、经生态环境保护主管部门审批通过后方可开工建设。

虽然我国已经意识到环境保护的重要性，并出台了相关的法律，但是由于社会发展程度和经济水平有限，体制还不够健全，在环境污染治理方面还不够到位。

二、矛盾凸显阶段

1992 年，我国确立了社会主义市场经济的基本经济制度，迅猛发展的工业化、城市化等给环境带来了压力，环境承载力日趋极限。受当时的国情影响，我国发展的侧重点主要在经济方面，环境管理不断让步于经济发展，政策执行由本应的"刚性"逐渐变成了"弹性"。这意味着，本应维持平衡的环境保护与经济发展，渐渐失去了平衡，环境保护已无法助力经济发展。

20 世纪 90 年代后期，我国经济迅猛发展，经济实力不断提升，但是也带来了生态环境的急剧恶化，各类污染事故频频发生。单一追求经济效益的发展模式给自然环境带来了巨大压力，自然资源枯竭，生态平衡被破坏。另外，污染产生后再进行治理，不仅费时费力，经济、人力等成本高昂，效果还不一定理想，并且水体、土壤等的污染，可能需要几代人共同努力才能解决。

2013 年夏季，时任国务院副总理的李克强在达沃斯年会上的讲话强调："中国 30 多年的改革发展，可以说走过了西方发达国家几百年走过的路。所以，环境等许多问题在短时间内集中地在中国反映，这是一个特殊的现象。如果我们要总结一些发达国家走过的历史，确实可以用'先污染后治理'来形容。在中国，现在凸显的一些污染问题也确实和粗放的发展方式有关。"

三、新时代发展阶段

生态环境与生产力是密切相关的，它是生产力的关键要素。

2012 年党的十八大召开，将生态环境保护列为重要议程。2013 年 11 月 12 日，《中共中央关于全面深化改革若干重大问题的决定》经中国共产党第十八届中央委员会第三次全体会议讨论通过，其中提出了要"紧紧围绕建设美丽中国深化生态文明体制改革，加快建立生态文明制度，健全国土空间开发、资源节约利用、生态环境保护的体制机制，推动形成人与自然和谐发展的现代化建设新格局"。环境保护工作再次被放到了重要的位置，并一直持续至今。

当前，环境保护不再局限于治理一条被污染的河流，或者恢复一片被砍伐的森林，其含义和意义在不断地扩展和丰富。随着社会文明的发展和人类环境保护意识的不断提升，环境保护工作的开展也在"与时俱进"。我国提出了"生态文明建设"和"高质量发展"。习近平总书记曾指出，那种先污染后治理、先破坏后恢复的发展，再也不能继续下去了。

近些年来，我国致力于转变经济发展方式，提出了调整经济和产业结构、促进科技进步与创新等战略性措施。全国各省市都在努力优化区域的产业布局，致力于产业结构优化升级，同时大力淘汰落后产能、化解过剩产能、优化存量产能。按照主体功能区划分，以生态环境安全为底线，根据各地区的功能定位，调整优化产业布局、规模和结构。按照各地区的生态环境承载力，结合该地区的发展潜力，确定其产业发展方向。

目前，淘汰落后产能仍然是供给侧结构性改革的重要内容，也是转变生产方式、实现高质量发展的重要途径。通过工业结构调整实现二氧化硫、氮氧化物等各类污染物的源头减量。

　　与此同时，我国环境保护制度建设日趋完善。2015 年 1 月 1 日，新修订的《中华人民共和国环境保护法》实施。

　　2018 年以来，《中华人民共和国环境影响评价法》《中华人民共和国环境噪声污染防治法》《中华人民共和国固体废物污染环境防治法》等陆续修订实施。这些法律的修订实施，以及环保垂直管理改革等政策持续落地完善，为我国环境保护工作提供了强有力的制度保障。

　　另外，随着经济的发展和科技的进步，环境保护工作的监管手段也在向多样化方向发展，环境污染治理水平突飞猛进。一些基础性、关键性的节能环保技术也在不断提升，为生态文明建设提供了技术保证。

　　近些年来，国家对科研院所的基础研究投资不断加大，技术研发与创新水平不断提高。环保科技已成为世界各国促进可持续发展最为重要的手段之一，众多环境问题的解决更加依赖于科学技术的发展。污水处理、固体废物综合利用、大气污染防治等领域的技术不断创新，越来越多的生态环境管理部门利用大数据、无人机、电力监管等高科技手段开展工作，以提高环境监管和执法工作水平；并利用生物技术解决污水处理领域的"瓶颈"难题。

第二章　自然资源的利用及环境保护

就目前而言，自然资源及生态环境保护工作仍未达到理想状态，生态环境中还存在一些环境污染及破坏现象，仍有一些生态环境问题亟待解决。本章分为水资源的利用与环境保护、土地资源的利用与环境保护、生物资源的利用与环境保护、矿产资源的利用与环境保护、海洋资源的利用与环境保护五部分。

第一节　水资源的利用与环境保护

一、水资源的特征分析

（一）稀缺性特征

水资源是一种区域分配极度不均衡的资源，水资源稀缺性指的是地区的水资源拥有量少。国际上普遍运用人均占有淡水资源量（也称为人均水资源量）这一指标来衡量国家或地区的水资源稀缺性。1992 年瑞典水文学家富肯玛克（Falkenmark）提出将人均水资源量这一指标用于衡量一个国家或地区的水资源供需关系是否处于紧张状态。他主张从每一千立方米的水生长一吨生物量的最低要求出发，并按每年用约一百万立方米的淡水资源量来供养 100 人、600 人、1 000 人和 2 000 人的比例，折合为每人每年占有 10 000 m^3、1 670 m^3、1 000 m^3 和 500 m^3 淡水资源量，把水资源供需态势分为 5 种情况，如表 2-1 所示。该标准将人均占有淡水资源量分为五档，其中，人均水资源量小于 500 m^3，表明"用水极度紧张并有缺水现象"；大于 10 000 m^3，表明"用水完全不紧张"。人均淡水资源占有量的指标已被许多机构采用，在我国亦被普遍采用。

表 2-1　水资源稀缺性标准

人均占有淡水资源量	水资源稀缺程度
大于 10 000m³	用水完全不紧张
1 670 ～ 10 000m³	旱季可能出现一些水供需问题
1 000 ～ 1 670m³	可能用水紧张
500 ～ 1 000m³	可能出现缺水现象
小于 500m³	用水极度紧张并有缺水现象

（二）供需压力特征

水资源供需压力反映了地区所拥有的水资源与所需水资源之间的关系。国际上普遍使用水资源开发利用程度这一指标衡量水资源的供需压力程度。水资源开发利用程度的含义为年取用的淡水资源量占可获得的淡水资源总量的百分比。联合国粮食和农业组织、联合国教育科学及文化组织、联合国可持续发展委员会等众多权威机构都选用这一指标作为反映水资源供需压力的指标。水资源开发利用程度的含义为年取用的淡水资源量占可获得的淡水资源总量的百分比。水资源供需压力标准如表 2-2 所示，小于 10% 表示该地区的水资源供需压力为"低水资源压力"；大于 40% 表示该地区的水资源供需压力处于"高水资源压力"。

表 2-2　水资源供需压力标准

年取用的淡水资源量占可获得的淡水资源总量的比重	水资源供需压力
小于 10%	低水资源压力
大于 10% 小于 20%	中低水资源压力
大于 20% 小于 40%	中高水资源压力
大于 40%	高水资源压力

二、水资源利用相关理论

（一）可持续发展理论

1. 可持续发展理论的提出与发展

每年 6 月 5 日是世界环境日，这源于联合国于 1972 年 6 月 5 日在瑞典首都斯德哥尔摩召开的世界人类环境大会，各国代表在会上共同研讨了人类对于环境可以攫取哪些利益以及需要肩负哪些责任，大会为了缓解地球所面临的环境问题，发布了《人类环境宣言》。同年，以丹尼斯·梅多斯为核心成员的团队发表了经济学著作《增长的极限》，书中较为详细地说明了人类发展需要与自然环境保护这两者的内在联系，强调人与自然应该和谐相处，现在的发展不能够对后人利益造成损害的观点，督促人们重新审视盲目追求经济增长的严重后果及引发的一系列环境问题。

1983 年，经联合国批准创建了世界环境与发展委员会，随后挪威首相布伦特兰夫人在 1987 年以主席的身份发表了《我们共同的未来》，可持续发展的概念在此文章中被第一次提到，该文章指出各国在发展中要切实贯彻可持续发展理念，并深刻阐述了世界发展进程中存在的各类环境问题并提出了相应的对策建议。该文章的发表标志着可持续发展理论已初具雏形，从此拉开了人类发展的新纪元。

1992 年，联合国在里约热内卢举办了环境保护与人类发展研讨会，全世界总计 178 个国家和地区的代表共同通过了《21 世纪议程》《气候变化框架公约》《生物多样性公约》等一揽子协议，这些协议确切说明了可持续发展的出发点与落脚点、相关的规定政策及其具体的推行方案，让可持续发展理论从理论走向了现实，作为发展纲领正式融合进了实际，指导着人类的发展实践[①]。

2. 中国可持续发展理论

1992 年，联合国环境与发展大会召开之后，越来越多的国家结合本国发展阶段实际情况，摸索出了属于其自己的可持续发展道路、可持续发展战略等。中国是全球最大的发展中国家，也积极参与到这次全球范围的响应中来。国务院随后通过了《十大中国环境和发展对策》，这一文件标志着中国正式开始推行可持续发展战略。

1994 年，国务院发布了《中国 21 世纪议程》，从中国具体实际出发制定了可持续发展的战略构想，主要有可持续发展总体战略，经济、社会与人口可持续发展，资源和环境保护与可持续利用等内容[②]。1995 年，党的十四届五中全会召开，会上明确提出必须把推行可持续发展战略作为一项重大战略，1996 年，《中华人民共和国国民经济和社会发展"九五"计划和 2010 年远景目标纲要》把可持续发展列为国家级战略。2001 年，《全国生态环境保护纲要》出台，其中也明确说明了全面推进可持续发展战略具有极其重要的地位和价值[③]。2002 年，党

①　柯金良，蜀光.联合国环境和发展大会报道 [J].世界环境，1992（02）：2.
②　刘培哲.可持续发展——通向未来的新发展观——兼论《中国 21 世纪议程》的特点 [J].中国人口·资源与环境，1994（03）：17-22.
③　岩流.《全国生态环境保护纲要》环境理论上的重大突破和创新 [J].中国环境管理，2002（02）：3-7.

的十六大把"可持续发展能力不断增强，生态环境得到改善，资源利用效率显著提高，促进人与自然的和谐，推动整个社会走向生产发展、生活富裕、生态良好的文明发展道路"作为全面建成小康社会的最终目标之一。党的十八大报告更是提出要努力建设美丽中国，实现中华民族永续发展。党的十九大又提出了需要加快生态文明体制改革，大力推进可持续发展战略。党的十九届四中全会又提出坚持和完善生态文明制度体系[①]。由此可见，可持续发展思想正是在党和国家持续推进环境保护与生态文明建设过程中不断深化的。

3. 水资源可持续利用

可持续发展战略大体上可以划分为经济、人口和资源三个方面。经济可持续发展战略的目标是将"先污染，后治理"的传统经济发展模式转变成集约式经济发展模式，通过技术进步，实现经济与环境治理的协同发展。人口可持续发展战略主要包括人口数量、人口质量和人口结构等方面。资源可持续发展战略的主要目标是提高作为生产原材料的各类自然能源资源的利用率，尽可能地减少污染物的排放，以最大的努力在最大程度上维护良好的生态环境。经济、人口和环境三部分密不可分，你中有我，我中有你，可持续发展是经济、社会和环境三部分共同进步的协同发展状态，通过经济系统与环境系统的高度协调，进而推动人类社会的可持续发展。

水资源属于自然资源的一部分，是人类生存的必需资源，无论是经济生产，还是人民生活，都离不开水资源。水资源包含水量和水质两个概念。从水量角度来说，2020年，中国人均水资源量为2 051 m³，从国际认知上来看我国属于轻度缺水的国家，因此水资源的可持续利用就显得颇为重要。在生产生活中消耗水资源时，需要做好水资源循环利用，提高水资源的重复利用率，尽量减少水资源的浪费。从水质角度来说，需要做到集约式发展经济，使得水资源质量和经济发展相协调，提高技术水平，减少生产生活中的水体污染物排放，如工业生产废水中的重金属、农业生产废水和生活污水。水质、水量两方面都很重要，两方面都要抓，只有水资源可持续发展，才能找到绿色健康的发展道路，实现城市的可持续发展。

（二）协同发展理论

协同发展理论是20世纪70年代初期被著名物理学家哈肯（Harken）提出的。它建立在许多门学科研究的基础上，是系统科学理论门类下的一个重要分支。系统广泛地存在于世界上，如宏观的和微观的，有的有生命，有的不具备生命特征。

① 薛澜. 学习四中全会《决定》精神，推进国家应急管理体系和能力现代化[J]. 公共管理评论，2019，1（03）：33-40.

形式多样的系统看起来不同，但有着极相似的特征。协同的中心要义是把各种特点各异的复杂系统从无序转变到有序，即任意复杂系统中的成员通过"自组织"的过程，都能生成稳定有序的结构。发展是协同运作的基础，协同以实现平稳发展为终极目标。

协同发展，是把两个或多个有差异的资源或个体协调起来，使其共同协作以达成某一个目标。当今世界把实现可持续发展建立在协同发展的基础上。"和谐"是协同发展的核心内涵，它是某事或者某物与另一事物通过合作才能达成的，是一种多方共赢的发展模式。因此，在协同发展理论下，社会各因子如社会管理制度、体制等彼此推动，各自发挥所长，及时调整和完善，从而实现全面、协同发展。

（三）水足迹理论

1. 水足迹

（1）水足迹的概念

水足迹代表直接、间接使用的淡水总量。水足迹可被划分为蓝色、绿色和灰色水足迹三部分，分别代表地表水和地下水的消耗量、蒸散发的消耗量和将污染物稀释到水质标准时所需使用的净水量。根据研究视角的不同可以将水足迹划分为产品水足迹、过程水足迹和跨区域水足迹等不同的种类。水足迹既包括直接用水，也包括间接用水。因此，从水足迹的概念中，我们可以看出水足迹能够真实、清晰、准确地反映水资源利用的空间差异状况。水足迹可以被看作一个衡量一定区域范围内真实用水效率的指标。

水足迹通过产品或服务在国家之间不断输入、输出，因此，除了直接用水和间接用水这种划分方式之外，水足迹也常常被分解为内部水足迹和外部水足迹，以此来衡量一个国家或地区的水资源自给率。在某个研究区域以内，某个国家或地区的水足迹分为内部水足迹（该国家或地区内的水足迹）与外部水足迹（从区域或国家以外进口的虚拟水）两部分。因此，在较为宏观的层面，水足迹的内涵包括内、外两部分。

水足迹是一种用水效率的衡量指标，与人的行为紧密相关。在城市功能空间层面，可以分为生活耗水、生产耗水、生态耗水。在城市生活水足迹部分，具体分为食品当中的虚拟水和居民日常行为用水两大部分，虚拟水进入人体中，不可循环，日常行为用水是直接用水，是社区层面可循环的用水。

（2）水足迹的计算方法

水足迹的核算方法一般包括"自上而下"法和"自下而上"法两种。自上而下的分析方法以投入产出分析方法为代表。自下而上的分析方法是指过程分析法，它是基于各个生产过程的详细描述。自上而下的计算方法常用来计算宏观空间尺度的水足迹，如区域水足迹计算，区域水足迹分为内部水足迹（区域内生产、消费的水足迹）和外部水足迹（虚拟水进口量），其公式可表达为

$$WF = PVW + RW + ENV + NVWI \qquad （2.1）$$

式中，WF 是一个特定国家或地区的水足迹总量；PVW 是指本地产品所消费的虚拟水含量；ENV 是生态环境用水总量；$NVWI$ 是指从其他地区净进口虚拟水的消费量。基于自上而下的方法，可以分析一个地区的水资源自给率、水资源进口依赖度等。

另一种计算方法是采用自下而上的方法，这种方法是以水足迹的生产过程为基础的计算方式，因此，自下而上的方法多用于计算产品生产过程的水足迹，其公式可表达为

$$WF = DU + \sum_{1}^{n} p_i \times VWP_i + ENV \qquad （2.2）$$

式中，DU 为城市生活用水量；P_i 为第 i 种产品的消费量；VWP_i 为第 i 种产品的单位产品实际耗水中的虚拟用水量；ENV 是生态环境用水量。

两种水足迹核算方法的比较参见表2-3。

表2-3　两种水足迹核算方法的比较

核算方法	自上而下法	自下而上法
适用范围空间尺度	大	小
数据可获得性	高	需要详细的产品或服务生产数据
优势研究对象	区域水足迹	产品水足迹
时间精度	低	高
主要方法	投入产出法	生产树方法

2. 虚拟水

虚拟水概念的出现要比水足迹更早。1993 年，英格兰伦敦大学托尼·阿伦（Tony Allen）教授便首次提出了虚拟水的理论，并用其研究了中东区域的水资源危机。最初虚拟水仅表示农产品生产的用水量，慢慢扩展为各类商品生产和服务行业的用水量。有学者从生产者和消费者的角度出发，较为精确地界定了虚拟水：从生产者角度考虑，虚拟水表示产品生产过程中的用水量；从消费者角度考

虑，虚拟水表示产品消费过程中的需水量。虚拟水以一种看不见的形式蕴藏在各种商品与服务过程当中，并非真实意义上肉眼可见的水资源，如生产一个苹果的生产全过程需要消耗 1 m³ 的水资源，则这个苹果中的虚拟水含量就为 1 m³。随后，阿尔杰恩·胡克斯特拉教授（Arjen Hoekstra）在托尼·阿伦的基础上总结了虚拟水的特征，指出虚拟水具有便捷性、社会交易性、非真实性。

虚拟水基于过程理论，突破了分析问题时从问题本身入手的传统思维，分析问题产生过程中的相关影响因素，从这些影响因素入手提出解决方案，从整个系统出发解决问题，如当前一些国家的粮食生产行业没有足够的水资源来支撑，就可以通过虚拟水贸易的方式从另外一些国家进口高效益、低水耗的粮食。虚拟水又被称为"引入水"和"嵌入水"，其便于运输的特点成就了当前的虚拟水贸易行业，虚拟水贸易有利于有效缓解世界各国的水资源危机和粮食危机等问题。其中，中国是虚拟水出口贸易的大国，这对中国的水资源产生了一定的压力。

（四）水资源价值理论

自古以来，由于人口规模较小、科学技术水平较低，水资源总量远大于人们的需求量，人们对于水资源的认识停留在取之不竭、用之不尽的层面上。但是，随着人口规模的扩大、工业化水平的提高以及城市规模的不断扩大，人们对水资源的索取欲望越来越大，对水资源的利用也更加多样化，水资源的重要性不断凸显。水资源具有十分重要的社会经济价值。当前，水资源价值理论出现并得到了不断发展，各国也逐渐建立了保护水资源的各种法律制度，通过对水资源进行定价来体现水资源的价值。国内外主要通过市场价值法、资源补偿法、机会成本法和影子价格法对水资源进行定价以体现水资源的价值，并通过建立各种保护制度加强对水资源的保护。针对污染水资源的行为，通过加大处罚力度来保证水资源供应和提高水资源的循环使用率。

（五）水资源优化配置理论

我国因南北纬度跨度较大，受温度带、地形和海陆位置的影响，各地区处在不同的温度带，形成了不同的气候类型。降雨量、河流和光照强度等条件各不相同，使得我国不同省份的水资源条件差别较大。东部地区靠近海洋，降水比较充沛，南部地区受热带和亚热带季风气候的影响，降水相对比较充裕，但北部地区因深居内陆且受温带大陆性气候的影响，降水少，成为缺水区域，中西部则为严重缺水的区域。通过改善水资源空间和时间上分布不均的状况，可以有效缓解不同地区面临的用水压力。我国通过修建一系列的水利工程，如南水北调、引黄入京、引黄入晋、引黄济青等诸多项目来从水资源丰沛的地区调配水资源以满足缺水地区的用水需求，提高水资源在区域间的利用效率。

三、水资源环境保护的对策

（一）国外水资源环境保护经验

1.新加坡水资源环境保护经验

新加坡虽然四面环岛，降雨量充沛，但由于国内河流短促，最长的加冷河也只有3 km左右，加之海拔较低，国土面积小，且无良好的含水层，新加坡的水源性水资源极其匮乏。新加坡从建国以来与马来西亚签订供水协议，向马来西亚购买水源。由于对水的使用受别国的牵制，供水、用水也成为新马之间的矛盾所在。因此，新加坡决定减少对马来西亚供水的依赖，努力研发多种蓄水、用水方式，形成了现在的雨水收集系统、海水淡化科技、废水循环再生科技、水源采集蓄水收集系统等高效用水的系统与科技。新加坡属于热带雨林气候，降雨量充沛，年均降雨量可达2 400 mm，而降雨密度大、降雨面积小、持续时间短等造成水流量较大。所以，在缺少水源的情况下，充沛的雨水成为新加坡人民较大的水资源来源。新加坡强大的降雨收集系统是在收集区将雨水收入蓄水池，再输送到水厂进行处理，处理达标后进入供水管网系统。在利用天然降水方面，到2011年新加坡已将国土面积的2/3作为集水区。新加坡实现了对雨水的有效收集与利用，所采用的集水方法是因地制宜的好方法。

水资源匮乏是制约新加坡经济发展的一大主要原因。建国以来，新加坡一直着力解决水资源问题。在1972年，新加坡制定了第一份水务发展总蓝图（1972—1992），其中明确指出，将污水回用列为未来水资源问题解决的主要途径[①]。经过二十多年大量的资金技术投入，通过科学研究、创新、试验，反复失败吸取经验后，在2002年，新加坡成功研发了"新生水"技术，即回收生活废水、污水，统一处理再利用，以达到饮用水级别。同时，新加坡公用事业局正式启动了新生水建设计划，并提出要重新制定"四个国家水龙头"计划，计划到2060年（与马来西亚供水协议到期的前一年），新加坡将完全实现水资源的自给自足，即在总人口达到目前3倍的情形下，海水淡化和新生水要能够满足水资源需求量的80%，其中新生水占55%。[②]

① 塞西莉亚•托塔哈达，约加尔•乔希，阿斯特•K.彼斯瓦斯.新加坡水故事：城市型国家的可持续发展[M].杨尚宝，译.北京：中国计划出版社，2015.
② 许国栋，高嵩，俞岚，等.新加坡新生水（NE Water）的发展历程及其成功要素分析[J].环境保护，2018，46（07）：70-73.

　　新加坡对水资源的治理有统一的管理机构、完善的法律法规、严格的监督管理、先进的创新技术。新加坡在 2002 年进行机构改革,公共事业局作为对公共事业的统一管理单位,成为新加坡水资源治理的最主要的机构,对国家水资源进行全面管理,职责包括污水处理、洪水控制、废水管理等[1]。国家对于水资源治理有强大的法律体系作为支撑,且严格贯彻这些法律条例,并有相应的监督管理体制。新加坡水务管理强调全社会的积极参与,涉及水资源规划、保护、合理利用。水务管理将所有与水相关的行政部门联合起来,进行协同治理,注重各部门之间的协调,鼓励公众和利益相关者参与水资源管理,提高并增强了社会的参与度与人民的节水管水意识[2]。为提高水资源开发与管理水平,新加坡政府采取官、学、商三方整合的运作方式,由政府开拓合作空间,获取先进技术,并注重人才培养,为打造一流的水务事业奠定基础。[3]

　　2. 美国水资源环境保护经验

　　美国水资源比较丰富,呈现东多西少的分布状态,但经过城市化与工业化的发展,也发生了水资源结构性短缺与水环境恶化的问题。经过不断地探索,美国已形成较为成熟的水资源环境保护体系。

　　美国对于信息系统的建设工作尤为重视。从 20 世纪 70 年代开始,全美逐步建立起一系列与流域水环境管理相关的数据库,并且有全面综合的水资源信息化共享平台,其较高的信息化程度为水资源治理提供了数据共享基础。美国在水资源的治理方面有较强的法律与制度保障,它重视立法工作,强调依法治理的重要性,美国的法律程序严格,责任、权力严明。水资源法律法规涉及水资源管理、开发、利用与保护等方面[4]。与水政策相关的制度安排在美国各州,呈现出多样性,并不那么统一,但多数采用许可制度,即对于涉水机构允许有分配水权,再由最高法院协调各州之间的争议[5]。美国的水资源治理实践表明,建立在市场经济基础之上、以法律和制度为保障的水权制度,对于水资源的高效配置和可持续利用具有积极的促进作用。水权的自由交易能促进农业部门提高水资源利用效率,并能增加农民收益。美国运用水权和水价制度,对水资源进行合理的开发利用,

① 姚家明.整体性治理视域下中国水资源治理体系现代化路径探析——以新加坡水资源管理模式为例[J].湖北农业科学,2022,61(7):192-196.
② 屈强,张雨山,王静,等.新加坡水资源开发与海水利用技术[J].海洋开发与管理,2008(8):41-45.
③ 郝敬锋,谭丽萍.新加坡水资源可持续开发与综合利用策略研究[J].能源与环境,2019(1):14.
④ 刘超,闫强,赵汀,等.美国水资源管理体制、全球战略及对中国启示[J].中国矿业,2019,28(12):28-33.
⑤ 沈桂花.美国水资源多层次治理体系及其对中国的启示[J].晋中学院学报,2018,35(6):9-13.

其水权交易制度使水资源成了流动性的资产，这一方面提高了水资源的配置效率，另一方面使人们有机会分享水资源增值的收益。严格的法律基础成为美国水资源有序利用的重要保障。美国的水资源综合治理引入了公众的广泛参与，特别是非政府组织的参与。美国与加拿大成立了五大湖委员会、五大湖地区理事会等来治理五大湖水资源。此外，为支持水资源的开发利用与保护，美国有一系列专业的从事水利行业的各类组织，他们都为积极推动水资源治理事业贡献了各自的专业力量。

（二）水资源环境保护相关策略

1. 加大人才储备及资金投入

在今后的工作中，要自上而下提高管理人员的信息化意识，更好地完成各项工作。同时，加大人才储备以及资金方面的投入，加大人才储备若难以短时间实现的话，可以考虑采取聘请第三方专业服务机构的方式，解决管理人员技术水平不高的问题。当聘请第三方专业服务机构时，水资源管理人员与第三方机构要通力合作，多交流，多沟通，取长补短，才能拿出最合理的建设方案。

2. 对水资源进行科学规划

对于水量的分配要充分考虑区域的资源环境状况、水源地取水情况、各区域用水条件、供水用水现状、当前和未来的用水需求等。对于水资源的配置要以可持续发展理念为基础，坚持公平和高效的原则，建立科学的取水用水体系。

合理配置利用地表水，严格管控地下水，将疏干水、再生水等非常规水源纳入水资源系统统一配置。优质地下水优先保障城镇生活用水；工业生产用水优先配置非常规水源，逐步置换工业取用地下水。扣除城镇、工业和生态用水后，进行农业灌溉水量的配置，利用农业灌溉计量设施，科学计量、节约用水，逐步压减农业用水总量。超采（载）地区禁止新增取用地下水，加大生态基本需水保障力度，实现水资源的可持续利用。

3. 创新水资源污染治理方法

（1）化学混凝/絮凝法

混凝/絮凝法本质上是利用化学凝聚剂增加胶体颗粒的不稳定性使其絮凝成大块絮状物，沉降到沉淀池底部，从而达到水污染治理的目的。如在废水中加入带正电的混凝剂，中和污染物颗粒表面的负电，使颗粒"脱稳"。颗粒间通过碰撞、表面吸附等作用相互结合变大，从水中分离。或利用超支化结构的聚合物将污染物颗粒连接成大的聚集体，进而通过后续的分离操作（沉降、过滤、浮选）

来处理污染物。在处理水污染方面常用的絮凝剂包括聚合硫酸铁、聚合氯化铝和聚丙烯酰胺等。

混凝/絮凝法具有去除污染物种类多、澄清效果好、设备易于维护等优点，但也存在缺点，如去污不完全、运营成本高、产出沉渣量大等。

（2）化学沉淀法

因成本低廉且操作简易等优点，化学沉淀法在处理废水中的重金属离子方面得到了广泛的应用。该策略是使沉淀剂与重金属离子相互作用，将其生成的沉淀物通过沉降或过滤等操作去除。

硫化物沉淀法和氢氧化物沉淀法是最传统的化学沉淀工艺。氢氧化物沉淀法常用的沉淀剂是石灰，该法具有成本低廉、操作简单且酸碱度易调节等优点，在化学沉淀法中得到广泛应用。与氢氧化物沉淀法相比，硫化物沉淀法能在更宽的pH 范围内达到更高的重金属离子去除率，具有优良的脱水和增稠特性。但是，该方法在 pH 值小于 7 的水环境中处理重金属离子时，会产生易燃的硫化氢蒸气，具有一定的危险性。

总体来说，化学沉淀法在应用中仍存在诸多局限，如需要较大的化学品用量，易产生大量污泥、造成二次污染、沉淀反应慢等，还需要在未来对该方法进行进一步的优化和改进。

（3）电化学治污法

电化学治污法是在电化学电池中利用阳极和阴极的氧化还原反应使金属离子还原成单质的一种治污方法。由于废水通过电解池时产生了具有强氧化电位的化学物质（氧、氯、羟基自由基等），使用该法也能进一步地将有机污染物氧化分解成二氧化碳和水。

目前应用于水污染治理领域的电化学治污法有电凝聚技术、电沉积技术和电浮选技术等。电凝聚技术包括多种物理化学过程，如氧化、还原、凝聚和吸附等。电沉积技术是利用电极反应将废水中的重金属离子还原成单质，并进行分离回收。电浮选技术是通过电解水产生氧气、氢气等小型气泡，将水中污染物携带至水面上，从而实现固液分离。总体来说，电化学治污法具有不产生永久残留物、速度快、操作简单、污泥产量少、污染物去除率高等优点，但其较高的前期资本投入和昂贵的电力成本，限制了该方法的广泛应用。

（4）离子交换法

离子交换法通常利用离子交换树脂作为离子交换剂，利用离子交换剂上的离子与水中的同性离子进行置换实现污染物的分离。

离子交换树脂分为天然树脂和合成树脂。相比于天然树脂，合成树脂的去污效果更佳。带有磺酸基团的阳离子强酸性树脂和带有羧酸基团的阳离子弱酸性树脂在处理水污染方面应用广泛。

但离子交换法对水中有机物和微生物的处理能力较弱，交换剂易发生氧化变质，对技术要求高，成本费用高，且容易产生二次污染。

（5）溶剂萃取法

溶剂萃取法是常见的处理污染物的方法。该方法通常采用两种不相溶的溶剂（有机相和水相），利用污染物在不同溶剂中具有不同的溶解度的原理提取污染物，再经过多次萃取操作从而达到净化废水的作用。

溶剂萃取法的分离效果较好，并且可以实现连续操作，对提纯和分离化工、冶金生产中产生的污染物效果较好。该方法具有选择性高、产品损失少、生产周期短、操作简便、可再生循环利用等诸多优点。但在萃取过程中溶剂易损失，造成资源的大量消耗，从而限制了其广泛应用。

（6）膜过滤法

膜过滤法主要是利用一种具有微纳米尺寸孔道的薄膜对废水中的污染物进行选择性过滤分离。膜中污染物的截留和水的渗透主要取决于膜的物理和化学性质。

膜过滤法分为超滤、反渗透、纳滤、电渗析法等。超滤法主要用于回收溶剂和胶体固体，在低压下进行。反渗透法是把高浓度溶液中的溶剂压到半透膜另一侧的低浓度溶液中。该方法可有效处理水中的 Cr^+、Cu^{2+}、Ni^{2+}、Zn^{2+} 等金属离子。电渗析法是以电能为动力的透析过程，目前在电镀行业漂洗水中的重金属回收领域应用较多。

膜过滤法可以有效去除废水中的重金属离子，但仍受资本投入高、工艺烦琐、膜寿命短和污水处理能力弱等问题的制约。

（7）生物修复法

生物修复法是一种利用植物、动物以及微生物等处理水中污染物的方法。生物修复法中的活性污泥法、生物膜法等技术可用于处理水中染料；生物絮凝法、生物吸附法、生物化学法等可实现重金属离子的高效治理。

据了解，藻类可以应用于废水中无机和有机污染物的治理，尤其是应用于去除废水中的重金属离子。细菌和真菌等也可用于治理被重金属离子污染的水体。

生物修复法具有成本低的特点，可通过植物代谢将有机污染物代谢处理，但治理水污染的能力有限，特别是无法去除重金属离子，并且难以进行污染物的提取，因此还不能应用于工业废水处理。

（8）吸附法

吸附法是将重金属离子或有机污染物通过化学或物理作用吸附到吸附剂表面的方法。其中，物理吸附主要依靠吸附质与吸附剂之间的范德华力，可发生单层和多层的吸附。化学吸附主要依靠化学键力，只发生单层吸附，且具有选择性。两种类型的吸附可协同作用，相伴发生。同时，吸附是一个可逆的过程，通过解吸可将吸附剂表面的污染物去除，实现吸附剂再生。

吸附法处理水污染的效率受多种因素的影响，诸如吸附剂的比表面积、污染物与吸附剂之间的相互作用、温度、酸碱度、污染物浓度以及吸附时间等。目前常用的吸附剂包括活性炭、黏土、沸石等。根据水中污染物的特性选择合适的材料作为吸附剂，可实现对水中污染物的高效处理。

吸附法因具有安全方便、操作简单、投资少等优点成为目前水污染处理领域最为经济有效的方法。目前常用的吸附剂在吸附水中的污染物后易产生二次污染，且分离再生困难，严重制约了吸附法在处理水污染中的应用。因此，研发吸附性能高、安全环保、易分离回收和循环利用的材料是使用吸附法处理水污染的关键。

4.加快水资源信息共享平台的建设进程

在信息化时代，对信息有效快速地共享可以提高整体的工作效率。要搭建信息化平台，以便于各部门及社会组织进行信息共享，推动协同治理的进程。

应依据水文水资源基础数据、水文地理基础数据、各行政区域取水用水基本情况、水资源论证等有效资料，初步建立水资源信息共享平台，实现水资源数据的共享、分析、利用。该平台应以互联网大数据为依托，利用信息技术手段，对水资源开发利用情况、水污染与水环境实时监测情况、涉水事务公开情况、水文气象与灾害情况等进行直观展示。平台架构应分为环境层、数据层、服务层、应用层等几个方面。环境层指的是基础设施和网络环境，既包括存储区设备，又包括操作系统、数据库等软件资源。数据层包含区域地理概况、水资源基本数据、各协同治理部门与组织概况等，使其组成一个庞大的数据库，为水资源协同治理提供数据支撑。服务层主要是指平台开发与信息维护，为数据更新提供支持。应用层就是平台的主体，为用户提供数据的获取、管理与应用功能。平台依据实际情况设立账户，分别向不同的用户展示不同的数据。

5. 完善相关主体之间的协同治理体系

一个完善的协同治理体系能够引领社会各界统一为实现共同的目标做出努力。各部门的职能不同，其对于水资源治理难免有不同的治理理念。协同治理理论以协作为基础，以实现跨部门合作。要将各部门行业单一的运作机制调整为协同合作的有效统筹方式。

要消除各部门之间的芥蒂，构建信任机制，为协同治理奠定信任的基石。在以往的制度体制下，长期存在的官僚体制的影响，导致各部门各自为政，团结协作也只是存在于表面，各部门还是以各自的利益为主。水资源治理涉及的行政部门较多，必须在协同治理体系建立之初注重信任机制的建立。

政府部门在统筹全局时必须考虑市场与公众的作用。在水资源治理中，市场作为庞大的用水体系，也应该是水资源治理的主力军，在用水与治水中达到平衡，这样才能增强市场的活力。而公众作为一个庞大的舆论体系，可以更好地参与与节水相关的活动，起到监督与宣传的作用。因此，在水资源治理中，要强调政府、市场与公众的协同治理，缺一不可。

根据利益相关主体制定协调机制，促进利益协调，以促进合作。当下各部门的社会关系错综复杂，为协同治理建立协调机制可以有效地保障各部门的相关利益，在有所保障时，各相关主体才能尽其所能地发挥作用，提高协同治理的效率。

6. 完善水资源治理绩效考核制度

（1）完善考核法规

法规制度可以保障水资源治理有法可依。为推进实行最严格的水资源管理制度，国务院办公厅印发了《实行最严格水资源管理制度考核办法》（以下简称《考核办法》），明确了对各省、自治区、直辖市落实最严格水资源管理制度的情况进行考核。在《考核办法》的基础上有针对性地出台适宜的法规政策，以保障水资源治理绩效考核的有效实施。

（2）提倡公众参与

在水资源协同治理的过程中，会引入公众参与机制，那么在进行水资源治理绩效考核中，更应该强调公众参与。调查发现，公众对于水资源治理的了解甚少。在政府、社会、公众的协同治理下，得到的成果也应该让公众切切实实地看到，并使其参与绩效考核。这样能够全面客观地对年度水资源治理绩效进行评估。同时可以增强政府的公信力，增强公众与政府之间的联系与信任。也使得公众对水资源治理有责任感，进而提高水资源治理效果。

（3）明确问责机制

明确考核中的问责机制，提高规范化考核的权威性，是对水资源治理绩效考核的责任保障。应该在问责机制中疏通监督渠道，使各方力量都有序参与，切实推进政务公开；建立各级考核专家库，专家库要覆盖各行业、各领域、各层级，更要建立纪检监察、审计以及人民群众参与的监督指导人员库，实行科学分类，动态管理，以对考核工作进行制衡与监督。

7. 完善社会参与机制，构建节水型社会

（1）提高污水利用率

城市污水再利用是一项系统工程，需要多学科、多部门的协同配合。要对各种污水处理系统进行多方面综合的考察与调研，根据实际情况进行合理匹配，确保引入最适宜的污水处理系统，提高污水回收利用率。政府应注重宏观调控，以提高社会管理和公共服务水平，用相关法规与政策规范污水的回收及再利用。

（2）健全节水奖励机制

在水资源治理中，应充分发挥政府的主导作用，建立健全对企业的排污与节水激励机制。如建立详细具体的评价标准，分级评估该企业是否属于节水型企业、环保型企业。对达标的节水型企业、环保型企业实施减征水资源费、表彰表扬等措施，提升行业用水效率，打造各行业节水的模范榜样，充分发挥节水型企业、环保型企业的标杆作用，带动不同领域参与到节水型社会的建设中来。

政府应鼓励公众积极参与水资源治理的各项工作。公布举报电话，让水资源浪费行为检举有路，增强公民的责任感，使公众能够切身参与到水资源治理中。也可以采取问卷调查、座谈会的方式，将公众对水资源保护与治理的意见进行总结分析，并对采取的建议进行公布，给予提出者奖励，以提高公众参与水资源保护与治理的积极性。

第二节　土地资源的利用与环境保护

一、土地资源利用现状

（一）耕地面积减少

随着非农产业和城镇建设用地持续增加，农村的土地资源越来越少，耕地面积不断减少。同时，随着城镇化进程的不断加快，农村地区的绝大多数青壮

年劳动力外出务工，仅老人和儿童留守在家，加之种植业效益低，耕地撂荒现象突出。

（二）耕地质量不断下降

近年来，我国可耕种农田中高质量农田的比例有所下降，原因如下。一是土地资源开发利用方式不当，尤其是农田只注重开发，掠夺式利用使耕地缺乏保养。二是部分农民知识水平有限、环保意识不强，在农田耕种时单纯为了追求产量而大量使用化肥、农药等，导致土壤污染加重，适耕性降低。三是农村的土地管理不规范，导致土壤沙化严重。四是随着乡村经济的不断发展，乡镇企业越来越多，但部分乡镇企业生产工艺落后、环保措施不到位、大量排放废气废水等污染物，污染了土地资源。

（三）农村闲置土地增多

一是农村人口外迁较多，闲置住宅形成了大量难以利用的空闲地，导致土地利用率降低。二是"空心村"问题依然严重。随着社会经济的不断发展，农村居民修建新住宅时不在原有旧宅基地上拆除重建，而选择在交通便利的地方新建，导致大量旧宅基地被闲置，形成了大量外实内空的"空心村"。三是随着农村居民的不断减少，土地撂荒现象日益严重，土地利用集约化程度低。

二、土地资源环境保护的对策

（一）创新土地污染修复技术

1.微生物修复技术

生物修复技术是进入 21 世纪之后经济和科技飞速发展的产物，是当前常用的绿色环境修复技术之一。利用生物修复技术可以实现在不改变土壤性质的基础上对土壤污染进行有效治理，而且相较于其他修复技术来说，这种修复方式成本较低。生物修复技术主要是利用动物、植物以及微生物的特性来对土壤污染中的有机物进行修复，相对来说修复周期较长，而且对土壤情况要求较高，一旦污染物超过生物生长的正常范围，就需要采用其他修复方式。微生物修复技术是生物修复技术的组成之一，其简单来说就是利用微生物的生长代谢来实现对污染物的有效降解。通过微生物的消化吸收作用，可以将土壤中的有害物转化为水、二氧化碳以及无机盐等无害物质，而且土壤中的微生物还可以通过自身的新陈代谢来产生有机酸，达到去除土壤中重金属的目的，实现被污染土壤的有效净化。当然微生物的种类不同，其产生的作用也各有不同。部分微生物还可以通过吸收作用，将土壤中的重金属盐吸收到体内，然后对微生物进行回收就可以去除土壤中的重金属。但这种方式相对来说操作难度大，而且在实际操作的过程中，还有可能由于微生物死亡而造成土壤的二次污染，所以在采用微生物进行土壤污染修复的过程中，一定要结合土壤污染的具体情况采取合适的修复方式。

2. 物理修复技术

物理修复技术也是当前常用的土壤污染修复技术之一，简单来说，物理修复技术就是利用物理方法实现土壤与污染物的有机分离，进而达到去除土壤污染物的目的。当下常用的物理修复技术主要包括热脱附修复技术、电动修复技术等，这些技术都是利用物理原理来对土壤进行修复的。相对来说，物理修复技术处理效果好并且花费的时间相对较短，但物理修复技术成本较高而且在修复的过程中可能会造成二次污染。热脱附修复技术是当前常用的物理修复技术之一，其对于多氯联苯类含氯有机物具有较高的去除能力，多环芳烃的去除率甚至可以在99.3%以上。简单来说，热脱附修复技术就是将能源燃烧所产生的热能作用于被重金属污染的土壤上，这样不仅可以轻松去除土壤中易挥发的物质，还能尽量减少对土壤自身的影响，保证土壤的肥力。而电动修复技术就是在土壤中插入电极，电动修复技术大多用于修复被重金属污染的土壤，通过该技术可以去除土壤中大量的重金属及少量有机物。虽然该技术对污染物的去除能力较强，但是在实际使用的过程中需要耗费大量的能源，所以在使用的过程中，工作人员需要结合具体情况。

3. 化学修复技术

化学修复技术的应用时间比物理修复技术还要长，利用化学修复技术对污染土壤进行修复，可以无视土壤污染强度对污染情况进行有效治理。而且化学修复技术还具有操作简便、效果好的特点，但是相对来说，利用化学修复技术进行土壤修复需要投入大量的资金，而且在修复的过程中还有可能由于操作问题而造成二次污染。淋洗技术是当下常用的化学修复技术之一，其主要是通过往土壤中添加淋洗药剂实现土壤中污染物与土壤的有机分离，进而达到土壤修复的目的。不同的淋洗药剂其作用效果也不同，所以在使用淋洗修复技术之前，相关工作人员需要对土壤的污染情况进行全面的分析,结合土质检测结果选择合适的淋洗药剂。淋洗药剂中含有大量的水分，所以在去除土壤中污染物的同时也会使得土壤中的有机物含量下降，进而影响土壤的肥力。

4.联合修复技术

简单来说，联合修复技术就是用两种或两种以上的修复技术对污染的土地进行修复，这种修复技术可以很好地克服传统单向修复技术存在的壁垒。与单项修复技术相比，联合修复技术具有更高的修复能力，而且还可以有效改善传统单项修复技术存在的缺点。经相关实验证明，超声波技术与表面活性修复技术的有效融合，可以实现对稠油污染土壤的有效治理。两个技术之间有效融合，溶液萃取效率能够从66%提升到88%左右，有效提升了修复的速度和效率。除此之外，植物与微生物和植物与植物之间的联合修复技术也具有较强的土壤污染修复能力，在相关工作人员的研究中，通过微生物与植物共生实现了对土壤石油污染的有效治理。由于联合修复技术可以充分发挥多个修复技术的优势，所以当下联合修复技术研究也受到越来越多人的青睐。目前联合修复技术还处于模拟实验中，是否能够得到实际应用还需要进一步进行验证。

（二）加大对土地资源保护的宣传力度

为了能够确保土地资源环境污染的问题得到最为理想的解决，需要认识到土地资源环境保护与污染防治的重要性，逐渐增强对防治工作的重视程度，根据实际情况开展工作，制定科学有效的政策，推动防治工作的稳定开展。

有关部门需要切实加大土地资源环境保护工作的宣传力度，使得有关地区能够切实履行国家的有关政策，进而真正确保土地资源环境保护的质量水平得到提升。

构建科学的土地资源污染防治投入机制。针对土地资源污染防治，需要构建有针对性的机制，国家有关的专项资金应加大对土地资源污染防治的投入，加快建立土地资源污染防治专项资金，以此更好地支持土地环境基础调查，以及土地资源环境监管基础能力建设等。这些都离不开加大对土地资源环境保护的宣传力度，引起人们对土地资源环境保护的高度重视。

（三）提高公众对土地资源环境的保护意识

意识具有能动作用，只有让公众充分认识到土地资源环境保护的重要性，才能更好地推动环境保护和风险防控措施的落地。政府和有关部门应通过网络、电台广播、报纸、电视新闻等传媒手段扩大宣传渠道，并在各个社区举办相关活动，以更加贴近生活的方式，提高人们的环保意识。可通过多种方式，鼓励公众从身边的小事做起，如减少塑料袋的使用，避免"白色污染"；增强环境监管意识，勇于举报破坏土地资源环境的不良行为，从对自身行为的规范扩展到对外部的监督，主动参与到土地资源环境保护和风险防控中，达到保护环境的目的。

（四）建立农用地土地污染治理环境协议制度

1. 构建农用地土地污染治理环境协议的程序性规范

农用地土地污染治理中，行政主体和行政相对人之间通过自主协商达成环境协议的方式进行环境资源的保护，这有利于调动更多主体参与到土壤环境治理中，从被动管理向主动参与转变，充分发挥企业和农户在农用地土壤污染治理中的自主能动性。但是，如何进行协议的签订及生效条件的确定，需要哪些程序以及如何保障实施等目前还未有专门规定。借鉴节能自愿协议的签订模式，构建农用地土地污染治理环境协议的程序性规范。

（1）环境协议的签订及生效

环境协议的签订是当事人就协议的内容自主协商达成一致的过程。农用地土地污染治理的环境协议的订立同样适用合同订立的一般原理，且应符合农用地土地资源环境提升的公共目的和环境管理的要求。协议的签订程序和协议内容不得违背现行法律法规的强制性规定，法律对协议条款的具体内容有规定的，协议只能按照法律的规定进行制定。农用地土地污染治理环境协议的签订程序可由地方政府发出环境协议的邀请，相关主体可以递交申请加入环境协议的磋商中，各方主体就农用地的义务责任内容、土壤环境目标、履行方式和时间等事项自主协商，并对协议内容进行公示，保障公众参与，接受公众监督。经过公示后，签订环境协议。在此过程中，行政主体应在合理期限内就以上事项公布相关信息，秉持公平、公正、公开原则，保证相对人能够及时获取信息，告知说明有关评定标准和程序等。

农用地土地污染治理环境协议的成立生效必须同时具备下列条件。首先，当事人为具有完全行为能力的行为主体。环境协议法律性质上为环境行政合同，参与主体包括一方行政主体应当具备权利能力和行为能力，这样才有环境协议在其权限范围内履行的可能。其次，环境协议是实现彼此目的而互为真实的意思表示。环境协议的签订是追求环境公共利益的实现，提升土地资源环境质量、减少污染，这是协议存续之根本，也是农用地土地资源污染治理引入环境协议的重要原因。但这并不影响个体对享受政府优惠政策、提高经济收入的目的的追求，只要是真实的意思表示愿意遵守环境协议约定的义务责任即可。最后，需为当事人意思表示一致的结果。协议各方主体须就协议内容达成共识，有确定的内容，如参与主体的具体环境治理目标，行政主体提供的优惠政策，协议目标实现期限等，否则不可能形成有效力的合意。

（2）环境协议的变更和解除

环境协议的内容在签订时不可能对所有问题做出明确规定，出现新情况或者协议主体发生更替变化时，有必要对环境协议的内容进行修改或者补充调整。农用地土地资源环境保护是一个长期和复杂的过程，农用地土地资源环境质量可能会因某一时期的外来污染的侵袭发生变化，如洪涝灾害、火山污染等，当事人可以结合客观情况的变化和需要，变更某一时期的环境治理目标或者转变约定的治理措施。这种变更一般从追求公共利益的出发点考虑，协议内容的变更因情况的紧缓状态而有所不同。情况不紧急的情况下，必须由参与主体充分协商，保障协议内容的稳定性；紧急情况下行政主体基于行政优益权可单方面做出改变环境协议的决定，必须出于公共利益的目的，防止行政主体滥权，而且要及时把改变的情况通知协议相对方并做合理解释，因此造成相对方损失的应当予以赔偿，且无权收回已提供的各种优惠条件，此举能够缓和依法行政和契约自由的冲突。基于公平正义的契约精神，行政相对方也可因客观情况变化申请变更和解除。

环境协议的解除是在协议履行过程中终止协议的权利义务关系，使其归于消灭。基于环境协议的自主协商性，解除一般是在协议主体协商一致的基础上达成的。环境协议的解除涉及各方利益的交叉，包括环境公共利益的缔约目的和私人经济利益的兼顾，所以环境协议确认生效后应当按照约定完全履行。一般应尽可能采取变更协议内容的方式应对协议履行出现的新情况，除非是为了促进或者保障公共利益的重大需要。

环境协议有关变更和解除的条款可以约定，有约定的按约定，没有约定的优先以协商方式解决。

2. 完善农用地土地污染治理环境协议实施的制度环境

我国环境协议起步和发展较晚，现有法律法规中对于环境协议的规定较少，尤其在农用地土地资源污染治理法律体系当中，法律规范是环境协议普遍适用的基础条件，基本法律的缺失限制了环境协议的推广使用，因而需要增加环境协议的相关法律规范，需要出台相应的法律法规或管理办法。为提升环境协议的适用性，提高环境协议的法律位阶，可在我国综合性环境保护基本法《中华人民共和国环境保护法》中有所规定。

《中华人民共和国农业法》五十八条中有关农业生产的环境保护问题，虽起到一定的规范作用，但缺少可操作性，具体应当如何保护农业环境、如何规范农业生产行为没有具体规定，农业法是和农用地土地资源污染治理联系较为紧密的，指导农业生产主体的农业生产经营行为，由此，有必要在该法中引入环境协议具有可操作性的规定，如减少塑料薄膜的使用、加强废弃物的处理等。在《中华人民共和国土壤污染防治法》可就环境协议的协议目的、当事人权利义务内容、签订程序、监督机制、纠纷解决等做出规定，进一步指导农用地土地资源污染治理工作，具体内容的设置可以参照文中环境协议在农用地土地资源污染治理中的内容建构。现有《农用地土壤污染责任人认定暂行办法》中关于协议内容的规定太过宏观，可操作性差，需要进一步完善其内容，如签订的具体程序事项、优惠政策、纠纷解决机制等，从而具有可操作性和普适性。

3. 开展农用地土地污染治理环境协议实施的试点

基于农用地土地资源污染的特性，以及环境协议制度尚未完备的现状问题，可在部分地区先行开展试点项目，根据农用地土地资源污染治理过程中存在的问题难点以及实践经验，逐步放开环境协议在整个农用地土地资源环境治理中的适用。试点的选取可以从土壤污染状况、地区经济发展水平、政府执政水平、企业技术资金情况以及当地民众的环保意识等方面进行考虑。与此同时，应当注重试点的多样性，为后续制度设计和经验推广打下基础。试点的选取上，可以与现有的农用地土地资源污染治理的示范区域结合起来，降低选取试点的成本，以便于环境协议工作的展开。

第三节　生物资源的利用与环境保护

一、森林资源的利用与环境保护

（一）森林资源概述

1. 森林资源的概念

根据《中华人民共和国森林法》最新实施条例第八十三条规定，相关用语的含义有：森林，包括乔木林、竹林和国家特别规定的灌木林，按照用途可以分为防护林、特种用途林、用材林、经济林和能源林。林木，包括树木和竹子。林地，是指县级以上人民政府规划确定的用于发展林业的土地，包括郁闭度 0.2 以上的乔木林地以及竹林地、灌木林地、疏林地、采伐迹地、火烧迹地、未成林造林地、苗圃地等。我国《中华人民共和国森林法实施条例》规定，狭义的森林资源仅指森林（乔木和竹林）、林木（树木和叶子）及林地（郁闭度在 0.2 以上），而广义上的森林资源还包含依托于此的野生动物、植物和微生物。

2. 森林资源的分类

森林资源概括为以下几方面内容。

①林木资源：乔木林地、疏林地林木、散生木、四旁树木资源和竹子。

②林地资源：乔木林地（郁闭林）、疏林地、灌木林地、未成林造林地、苗圃地、采伐迹地、火烧迹地、林中空地、宜林地、林区沼泽地资源以及森林土壤资源及岩石、矿产等。

③林副生产品资源：植物方面包括森林内各种乔木、灌木、地被植物的根、茎、叶、皮、花、果、树脂、树液、树胶等。

④森林环境资源：森林里面的流水、泉水、湖泊、水潭等；森林范围内的大气资源、热能、大气温度等。

3. 森林资源的功能

森林资源作为陆地生态系统的重要组成部分，具有自动调节能力。森林具有特殊的生态系统功能，对生物相互调节具有重要作用，可以涵养水源、保持水土，有助于生态平衡的维护。在森林生态系统自我调节的过程中，森林资源的功能主要表现在以下几个方面：一是保障降水的平衡分配，可有效储存水分，减少地表径流；二是由于森林土壤的结构较为疏松，降雨时，土壤能够吸收水分，增大下渗量；三是森林生态系统对环境的保护作用，森林能够为土壤提供养分，也能够从土壤中汲取各种营养物质，有助于维护生态平衡；四是森林资源对生物圈的调节功能。森林资源是生物圈的载体，其自身的调节功能对生物圈产生着重要的影响。例如，植物通过光合作用合成的糖分为食草动物提供了重要的养料，动物尸体在土壤中经过长时间的腐烂分解，逐渐变成了供植物生长所需的肥料。由此可见，在森林生态系统中，各种资源都发挥着重要的作用，最终形成了一个循环的生态发展系统。

4. 森林资源的定量

森林资源的定量是客观反映一个国家或地区森林资源数量、质量和分布的基础。

郁闭度：指林冠垂直投影面积与林地面积之比值。最小密度（以郁闭度为依据）：0.2 以上为森林；0.1～0.2 为疏林；0.1 以下为散生林木。

（1）森林标准

乔木林：指防护林、用材林、薪炭林、特种用途林，即林木郁闭度达到 0.2 的林地。

经济林：指以生产果品、油料、饮料、调料、工业原料和药材等为主要目的的林木。

灌木林：指以培育灌木为目的或分布在乔木生长界限以上，以及专为防护用途，覆盖度大于 40% 的灌木林地。四旁林木：指村旁、路旁、水旁、宅旁的林木，其郁闭度在 0.2 以上。

（2）森林覆盖率

一般以森林面积与土地总面积之百分比表示。

（3）森林年龄组划分

根据树木生长发育的阶段，划分为幼龄林、中龄林、近熟林、成熟林、过熟林。各林龄组的范围随树种、地区、起源的不同而不同。一般生长慢的树种 20 年为 1 龄级，生长较慢的树种 10 年为 1 龄级，生长较快的树种 4 ～ 5 年为 1 龄级。

（二）森林资源利用与保护现状

1. 森林资源保护与利用取得的成效

（1）林地保护和管理全面加强

新时期各地政府越来越重视生态建设，将森林保护和森林资源开发利用放在非常重要的位置。近年来，我国全面推行林权制度改革，加大对毁林、滥占与侵占林地行为的打击力度，不断规范森林用地的审批手续，充分凸显出审批主体的责任，从源头上减少侵占林地的行为。

（2）森林采伐限额管理制度得到有效贯彻

新时期应规范森林资源保护、开发、运输、加工等各个环节的管理工作，并根据实际情况制定森林保护和森林资源开发利用的一系列管理制度，如林木采伐许可证制度、木材凭证运输和木材凭证经营加工制度，规范森林资源采伐工作，保证森林资源得到更好利用。

2. 森林资源保护和开发利用存在的问题

（1）森林保护意识不足

森林资源属于国家资源，人们的森林保护意识是影响森林保护效果的重要因素。针对森林资源的不合理开发利用、违规占用等现象，国家和地方政府出台了大量规定，但由于人们的森林保护意识不强、基层单位宣传不到位等因素的综合影响，破坏森林资源的行为仍广泛存在，对我国的森林资源造成了严重威胁。如不合理地将林地开发为耕地，甚至不少地方将林地开发成工业用地、居住用地等，使森林资源遭到严重破坏；森林资源的乱砍滥伐现象也屡禁不止，有个人零星式偷偷开采森林资源，也有部分不法企业成批量、大规模地偷采林木。因此，当务之急是提高人们的森林资源保护意识，加深其对森林资源可持续开发的认识。

（2）森林资源面临火灾和病虫害的威胁

火灾防范和病虫害防治是我国当前森林资源保护过程中一项较难的工作，直接影响着森林资源的保护效率。当前，参与森林资源保护的相关单位工作量较大，森林资源病虫害防治能力低，森林病虫害扩散加剧，不利于森林资源的保护。

（3）人才队伍短板明显

林业基层专业技术人才队伍存在结构不合理、人员欠缺的情况，特别是部分乡镇，林业机构不健全、工作条件差、专业能力弱等问题导致很多林业工作难以顺利有效开展。且基层林业专业技术人员队伍普遍存在人员年龄偏大、专业人员少且不稳定、人才引进难度大等难题，难以满足现阶段林业保护的发展需要。

（4）存在不合理开荒现象

保护森林人人有责，但是我国森林资源保护相关法律法规的建设还不完善，且部分地区人们的森林资源保护意识不强，将林地开垦为耕地的现象时有发生，在一定程度上影响了我国生态文明的建设。

（5）保护与利用的界限划分标准有待进一步明确

森林资源应当坚持保护与利用相结合的原则。但是，在现阶段我国森林资源保护利用的实践过程中，很难明确森林资源保护与利用的界限，这容易导致森林资源过度开发，制约我国可持续发展目标的实现。

（三）森林资源保护理论体系

1.森林资源保护管理流程

管理决策包含信息、目标、方案、执行、评价等要素，从动态看，管理决策是获取信息、发现和分析问题、解决问题与执行控制的过程。森林资源是错综复杂的，森林资源保护管理流程：以森林资源为对象，组成信息数据获取、目标与问题发现、方案组合与选择、执行与控制的不断循环的闭环过程，见图2-1。其中，"信息数据获取"是管理决策的前提，"目标与问题发现"是对信息处理的成果，"方案组合与选择"是基于政策工具针对目标与问题的比较筛选，即决策人根据其偏好，测度和比较方案的效用，最终依据一定的决策原则确定优选方案；"执行与控制"是满足一定约束条件的资源管理与行动。

图 2-1 森林资源保护管理流程

2. 森林资源动态发展系统

从静态来看，把森林资源视为一个系统，包括原始的自然子系统和人为的林业子系统，内部各子系统不断地相互作用，导致系统动态变化。自然子系统是森林资源发展的基础，囊括土地、水、气、动植物、微生物等要素，既包括原始的森林资源禀赋本身，也包含森林以外的自然环境系统。林业子系统是森林资源发展的调节器，对森林资源的增减起到干预作用，以林地、林木监测、管理为保障。

3. 森林资源保护管理的路径与手段

森林资源形成生态保护与经济发展平衡兼顾、良性循环的动态发展系统，难以依赖单纯的原始生态系统自发形成，离不开建立现代化的治理体系（见图2-2）。

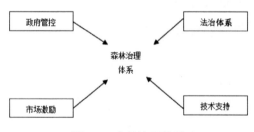

图 2-2 森林治理体系

（1）政府管控

森林资源保护管理，本质上属于公共管理范畴，是解决市场失灵问题和公共资源治理问题的重要内容。政府是对森林资源进行监测监管和有序调控的主体，在森林治理体系中占据主导地位。政府管控涉及央地政府间的纵向关系协调和各职能管理部门间的横向协同。林业主管部门作为森林资源保护管理的监督机构，须发挥统筹协调作用，利用规划、法规和政策等多种手段，统筹政府、林业部门、社会三大责任主体，开展综合管控。通过行政监督和执法检查，发现并纠正违法占地、毁林开垦等破坏林地的行为。

（2）法治体系

建立法治体系，是森林保护治理行为的规范性保障。根据《中华人民共和国森林法》等法律条文和《建设项目使用林地审核审批管理办法》等规范类文件开展森林资源治理，以森林督查为重要监管手段，完善审核审批管理、监督管理等具体治理内容，坚决抵制破坏生态环境的开发性项目，严格限制林地转为建设用地，严守林业生态红线，确保必要的森林资源空间。

（3）技术支持

技术支持是提升森林资源保护管理效能的重要支撑，主要包含数字监测技术和绿色技术等。以森林资源保护为导向，以数字化森林资源监控平台为支撑，实现森林资源管理"一张图"动态化监测，将林地管理更加细化，为林地管制提供精确的基础数据支撑。通过发展绿色技术进而修复生态环境和拉动绿色产业，是合理开发利用森林资源的途径。

（4）市场激励

市场激励是森林资源有效配置和持续发展的不竭动力。要客观认识和充分利用森林的多重属性，除了生态效益，还有经济效益。森林既是环境资源，又富有市场价值，要赋予森林资源合理的定价，激励民众、企业参与到森林资源保护管理中去，形成森林资源系统循环升级的良性局面。

（四）森林资源环境保护策略

1. 构建森林生态补偿机制

（1）森林生态补偿机制构建的原则

森林生态补偿机制的构建原则是建立森林生态补偿机制的宏观性准则和依据，具有统领全局的作用。准确把握相关原则能够为森林生态补偿机制提供正确的发展方向，是建立森林生态补偿机制的首要出发点。

①确定利益相关者的原则。一是"谁受益，谁补偿"原则。"谁受益，谁补偿"原则是指从森林生态系统中取得好处，那么就应该承担相应的补偿义务。实际上，整个社会大众都是受益者，都在无形中享受着森林带来的各种好处，有些是直接获益，比如采伐木材以及获取林下产品；有些是间接获益，没有实际的获益行为，比如森林净化空气使我们能够呼吸到新鲜空气。但是，森林生态服务是一类公共物品，其价值无法准确分配到各类受益主体，通过市场实现价值补偿有

相当大的难度。如果想使其公益性价值得以持续，可以依靠政府立法，采取征税方式收集资金，然后分配给森林的所有者或主管部门。

二是"谁破坏，谁付费"原则。"谁破坏，谁付费"原则也可以称作"谁破坏，谁赔偿"，只要对森林生态环境造成了破坏，那么就要赔偿森林所有者和经营管理者的损失。《中华人民共和国森林法》第十五条规定，森林、林木、林地的所有者和使用者的合法权益受法律保护，任何组织和个人不得侵犯。相对于"谁受益，谁补偿"原则，补偿主体的范围要小很多，主要包括直接砍伐森林资源的破坏者和污染森林生态环境的污染者。破坏者和污染者需要赔偿前期培育、管护工作所投入的成本，甚至还应当加上重新恢复森林生态环境所需的成本，达到解决其生产经营行为产生的负外部性，平衡双方利益关系的目的。

三是"谁保护，谁受益"原则。"谁保护，谁受益"原则是指两类情况。其一，对主动参与森林生态环境保护的相关主体进行补偿，例如从事森林管护的护林员、提供资金或者技术支持的企业和其他组织。其二，为保护森林生态放弃生产经营活动的主体，比如因开展退耕还林工程无法继续从事农业生产的农民，还有自有林区被规划为公益林后不能采伐林木的林农，"谁保护，谁受益"原则正是运用经济手段对森林生态环境保护者进行正外部性补偿的体现。而且也是运用正面激励的方式鼓励保护生态环境的新模式。

②实施森林生态补偿的原则。一是公平原则。公平原则是实施森林生态补偿的根本性原则，也是一切政策制度的首要价值理念。保护森林资源环境是森林生态补偿的生态学目的，维护社会的公平正义则是森林生态补偿的经济学目的。任何人都公平地享有发展和维护自身合法利益的权利，当个人行为给他人造成损失时，对方有权要求给予赔偿；当自身行为给他人带来好处时，同样有权要求对方补偿。森林生态补偿机制正是基于公平的目的，平衡相关主体之间的利益关系的。因此，森林资源环境的受益者应该向保护者支付一定的补偿，这体现了社会的公平。

二是差异化补偿原则。差异化补偿是依据不同地区的发展水平、林区的主要生态功能、造林方式、树种结构、林区的脆弱性和重要性等因素，确定有差别的生态补偿标准、补偿模式和补偿途径，提高补偿的精确性。过去不考虑林区实际情况，盲目地采取"一刀切"的补偿形式是一种落后的补偿机制。科学的补偿机制应当充分顾及实际，制定多样且贴合利益主体需求的政策制度。差异化补偿原则不但提升了森林生态补偿制度的灵活性和可操作性，而且能够使有限的补偿资源发挥更大的效用，提高森林补偿效率。

三是可行性原则。可行性原则是指森林生态补偿政策和具体操作方法的可行。补偿政策属于宏观层面的行动原则，制定相关补偿政策要充分考虑政策的可行性和可理解性，以便基层林业部门参考。具体操作方法的可行性表现为补偿内容的可行与否，既要充分保障相关主体的合法利益，又要考虑现实的可行性。尤其是补偿标准的确定，补偿标准过低无法起到正向激励作用，过高又会增加补偿主体的资金压力，因此要将地区经济发展水平和社会支付能力等因素纳入可行性分析，不可盲目追求过高的补偿标准，需要循序渐进，不断完善。

四是政府补偿与市场补偿相结合原则。政府补偿是以政府为补偿主体，采取行政手段开展生态补偿；市场补偿是将森林生态补偿的利益相关者置于市场中，在法律允许的范围内自主交易。虽然生态补偿的市场化体现了一国生态补偿的发展水平，但是不能单纯地依赖市场补偿，因为市场也有失灵的时候。所以，要合理运用政府补偿和市场补偿，正确把握二者的边界，取长补短。

（2）森林生态补偿机制构建的策略

①实施差异化森林生态补偿。差异化的森林生态补偿主要表现在森林生态补偿标准和补偿方式上，因为不同的地区、不同的森林资源状况、不同的森林保护方式所提供的生态服务的类型和经济价值是不同的。所以，针对不同的实际情况要采取差异化的方式，有针对性地补偿，提高补偿的精度和效率。开展差异化森林生态补偿要做好以下两个方面。

一方面是制定差异化的森林生态补偿标准。对不同的森林资源采用不同的补偿标准有利于优化补偿资金的分配，充分发挥特定森林生态系统的生态功能。

参考地区经济发展水平、森林生态环境的脆弱性、森林的主要生态功能、造林方式等因素测算不同的补偿标准。同时，还要对相关参考因素进行实时监测并定期更新，确定动态的补偿标准，紧跟经济和森林生态系统发展的步伐，对于生态系统脆弱的林区优先补偿和重点补偿，及时止损。

另一方面是采取差异化的补偿方式。实施差异化的补偿方式，为森林所有者和经营者提供了额外的增收手段，以更灵活的方式提高了补偿标准。森林生态补偿方式种类众多，有经济补偿、技术补偿、项目补偿等，对同一林区不可能把所有的补偿方式全部采用，只能采用其中的几种甚至是一种。因此，需要准确把握林区真正需要什么，采用效果最好的一种或几种补偿方式。

②完善森林生态补偿立法。完善的法律制度是有效开展森林生态补偿的保障，许多国家都建立了相对完善的法律体系。尤其是日本，既有基本法律，又有与之配套的法律法规和管理条例。

森林生态补偿法律体系建设理应从以下几个方面入手。首先，需要明确森林生态补偿法律制度原则。应当以保护森林生态环境和维护社会公平正义为原则，其中保护森林生态环境为首要原则，一切法律手段都是为了实现人与自然的和谐发展。其次，应建立省、市、县三级森林生态补偿法律框架。省政府规章处于统领地位，指导全省森林生态补偿，各级地方政府规章根据实际情况细化相关法律条例，最重要的是要体现全体民众参与森林生态补偿的特点，重视利益相关者的真实意愿。最后，完善相关配套法律制度。相关配套法律包含森林生态效益评估、森林生态补偿核心要素、森林生态补偿救济、森林补偿基金监督管理、市场化补偿、森林生态补偿效果评价等，争取做到全方位的法律覆盖，提高森林生态补偿质量。由此，真正做到有法可依，有法可循，为高质量的森林生态补偿保驾护航。

2.建立科学的森林资源管理系统

（1）科学划分森林资源，从基础环节提升森林资源的防火能力

对于具有易燃性质的植物，需要采取特殊栽培的方式来减少自燃现象的发生；同时，密切关注森林系统的温度分布情况，合理运用森林植物的生长特性进行适时降温，避免森林系统中产生局部高温的现象。

（2）加强政策引导和法律法规约束

我国积极推行林长制，扎实落实林长制各项工作，严禁非法砍伐，对违法采伐重点公益林以及采伐数量巨大的破坏森林资源行为，坚决移送司法机关处理。根据森林资源环境保护工作任务和需求，积极制定完善的管理制度，切实落实森林资源环境保护工作。塔吉克斯坦为了解决森林和土地退化问题，进行了联合森林管理改革，也是一种参与式森林治理形式，旨在通过当地社区的参与来保护、养护和可持续利用森林资源，并认为此类管理模式对于减少复杂环境中的体制不确定性和加强资源使用者之间的合作至关重要。将法律、行政和经济手段相结合，让更多公众参与到森林资源环境保护事业中来，让公众形成从小事着手、从自我做起的意识，全国上下形成推动林业经济可持续发展的合力。

3.加强立法，完善相关法律法规

我国虽然已针对森林资源环境保护制定了相应的法律法规，但随着社会经济的发展和绿色环保、可持续发展等现代发展理念的提出，现有的法律法规已无法完全适应当前的需求，需要对相关法律进行修改和完善。①根据当前的实际形势和可持续发展目标制定完善的森林法律法规，加强对生态环境的改善和保护。加大法规执行力度，提升森林保护和森林资源利用相关法律的威慑力，对于非法开

发利用森林资源、破坏森林环境的违法行为给予严厉的处罚。②对森林资源进行全面的评估，加快森林产权制度改革步伐，明确森林管理主体和产权性质，做到产权清晰、责任到人。通过加强监督管理提升森林保护质量，保证森林保护和森林资源利用有据可循、有法可依。

4.提升管护工作人员的专业素质和薪资水平

首先，在森林资源环境保护工作过程中，必须加大管理力度，同时为林业经济发展和生态环境保护提供重要保障。为提高工作人员的工作积极性，就需要改善其生活条件，提高工作人员的工作待遇，针对偏远地区的工作人员，需要给予相关的补贴，尽量减少林业管理人才的流失。对于森林资源环境保护工作来说，相关工作人员是该项工作开展的核心，因此林业部门需要逐步提升工作人员的工作素养，培养工作人员的责任意识，引导其提升对工作的重视程度。

其次，林业部门可定期开展与森林资源环境保护工作相关的会议，帮助森林管护人员明确森林资源环境保护的重要意义，并列举一些恪尽职守的案例，让森林管护人员学习借鉴，提升其责任意识，促使森林资源管护工作得到有效开展。

最后，林业部门需要定期开展森林管护培训，加大对森林管护知识与技术的宣传力度，确保工作人员能够有效掌握相关的知识技能，以提升其管护工作的效率，在一定程度上吸引更多的优秀人才参与到这项工作之中，加强队伍建设，打造高素质团队。

二、湿地资源的利用与环境保护

（一）湿地概述

1.湿地的定义

世界各国为保护湿地环境不断完善湿地保护相关立法。当前根据关注湿地生态环境特征的不同，湿地的概念在立法实践中分为不同的模式。一种是管理性定义模式，如《关于特别是作为水禽栖息地的国际重要湿地公约》（以下简称《湿地公约》）中关于湿地的定义，即该模式湿地法律概念中没有明确湿地的生态特征，根据湿地管理机构制定重要的湿地保护名录来进行湿地保护。另一种是科学性定义模式，如美国立法中有关湿地的定义，在湿地法律概念中明确了湿地的生态特征所涵盖的基本要素，并且制定明确的湿地保护标准以及对湿地资源进行科学的分类，实现系统的保护。

（1）《湿地公约》关于湿地的定义

《湿地公约》于 1971 年签订于伊朗的海滨城市拉姆萨尔，我国于 1992 年加入该公约。《湿地公约》的第一条明确规定了湿地的定义，即不论是天然的还是人工的、常年的还是暂时的沼泽地、泥炭地或者有水区域，又或者是静止、流动的淡水、半咸水、咸水等水域，包括海水退潮时海水深度低于 6 m 的水域。此外，该公约的第二条还规定了湿地范围，即湿地的边界包括与湿地相邻的河流湖泊沿岸地带和沿海地带，以及湿地境内的小岛或者退潮时海水深度低于 6 m 的水域，特别是适合水禽生物栖息的地带。由此可知，《湿地公约》将湿地的定义大概分为以下四点。首先，规定了湿地的土地种类，包括泥炭地、沼泽地、河流湖泊沿岸和沿海地带、湿地境内的小岛以及退潮时海水水深低于 6 m 的海洋区域。其次，规定了湿地的水体种类，既包括水体中的静水和流水，又包括淡水、半咸水以及咸水等水域。再次，根据形成湿地的原因，既包括天然形成的湿地，又包括人工建造的湿地，既包括因季节气候形成的暂时性的湿地，又包括永久性的湿地。最后，规定了湿地的范围，既包括湿地境内的地带，又包括邻接湿地的小岛、河流和海岸等陆域范围。

《湿地公约》中有关湿地的概念在国际社会影响巨大，甚至有些国家直接将《湿地公约》关于湿地的概念直接用于本国湿地的定义。从国际社会的角度分析，公约中湿地的法律概念虽然较为宽泛，但其优势也是显而易见的。第一，作为国际重要的湿地保护公约，要结合各国的地理位置、水文环境，满足五大洲各个国家的湿地保护的需要。第二，《湿地公约》作为国际法，相比国内法而言其强制执行的效力相对较弱，通过缔结条约的方式，提醒各国在制定国内法时注意保护当地的湿地资源。但是，《湿地公约》中制定的湿地概念也有明显的不足。首先，公约把邻接湿地的永久性水域和陆地领域强行界定为湿地范围，不符合湿地的生态特点。其次，湿地环境保护的理念不能满足未来的发展前景。湿地由水、土壤和野生动植物等环境因素组成，任何湿地领域内的环境要素都很重要，《湿地公约》把湿地保护的重心仅仅放在境内的水禽上，不利于保护湿地其他的构成要素。最后，各国由于处在不同的地理位置，境内的湿地环境各有特色，湿地的定义需要结合各个国家的实际情况进行概况，《湿地公约》规定的湿地概念直接用于本国，不利于保护本国湿地的生态环境，如果根据公约制定的湿地概念，太平洋上许多由小岛组成的国家，则会将整个国家纳入湿地保护的范围，不利于当地经济的发展。

（2）美国关于湿地的定义

美国关于湿地的概念是科学性定义的典型代表，吸收了大量科学家的科学研究成果。总体而言，科学领域关于湿地的科学定义主要有要素、指标和临界值三个研究层面，目前科学领域界定湿地概念达成的共识包括水要素、土壤要素和植被要素等三种要素。

美国是最早进行湿地保护立法的国家之一。从 18 世纪 80 年代到 20 世纪 80 年代，美国为了发展国家经济将大量的湿地开发为农业用地，导致该国超过一半的湿地面积消失或者消亡。直到 20 世纪 50 年代，美国开始重视湿地带来的生态功能。美国的鱼类及野生动植物管理局作为管理湿地生态环境的机构之一，于 1956 年首次将湿地定义为，具有暂时性或永久性特点的浅层积水，即适合水生植物生存的水域，包括沼泽地、湿草地和浅水湖泊等地带，但河流、水库、深水湖等地带排除在外。该定义被 1972 年制定的清洁水法案的第 404 条采纳。由此可知，美国界定的湿地有以下两个特点：第一，湿地境内的水必须是浅层积水；第二，湿地境内必须具有水生植物。该定义体现了湿地的水要素和植被要素，并且排除了河流和深水湖等水域。但是，该定义没有明确湿地的指标和临界值的取值范围，不利于湿地生态环境的管理。因此，美国的鱼类及野生动植物管理局于 1979 年采用了体现湿地三种要素的新的湿地概念，即湿地是指含有饱和水的土壤以及满足动植物生存和繁衍需求的水域。

与管理性湿地定义相比，科学性湿地定义的优点：首先，更加符合湿地保护的特点，水域和靠近湿地的沿岸要采用不同的保护模式；其次，更符合湿地保护的理念，《湿地公约》重点保护适合水禽生存的栖息地，而美国关于湿地的概念则是注重保护湿地境内所有的环境要素；最后，有利于保护湿地生态环境和资源的利用。但是，科学性湿地定义需要相应的技术和智力支持，其复杂的操作不利于湿地的管理。

（3）我国关于湿地的定义

到目前为止，我国还未出台统一的湿地保护法。各省、自治区、直辖市相继出台了有关湿地保护的地方性法规或者政府性文件，其根据所在地理位置对湿地进行了不同的定义。如黑龙江省于 2003 年 8 月 1 日出台的《黑龙江省湿地保护条例》中将湿地定义为，永久性或者暂时性的积水地带，满足动植物生存和繁衍的条件，具备一定生态功能，包括自然形成的湿地和人工修建的湿地。根据原国家林业局 2017 年修订的《湿地保护管理规定》，湿地是永久或者暂时性积水水域、海水在退潮时海水深度不超过 6 m 的海域，天然湿地种类基本涵盖在内；人工湿地要满足重点保护野生动物生存和繁衍的条件，该条例较为系统地定义了我国湿地的概念。黑龙江省制定的湿地保护条例作为首部湿地保护地方性法规，充分借鉴了《湿地公约》的相关规定，湿地概念较为宽泛。而《湿地保护管理规定》作为全国首部专门性湿地保护的部门规章，虽然借鉴了管理性湿地概念，但又充分借鉴了科学性湿地概念：一是强调了水要素，明确规定将"永久性或暂时性"积水作为湿地水的条件；二是对人工湿地加以限制，只有适合野生动植物生存和繁衍的人工湿地才被纳入湿地的范畴，体现了人工湿地的生态功能。因此，《湿地保护管理规定》充分吸收两种定义的优势，规定的湿地概念更适合我国国情。

2. 湿地的分类

（1）国内湿地分类

湿地分类是开展湿地科研、保护与管理工作的关键基础。因此，制定一套科学完整的分类系统具有重要意义。但由于世界各地的湿地类型冗杂多样，全球研究人员对于湿地的研究范围、分类方法等存在较大差异性，如同湿地的定义一般，确定一个统一、科学的分类标准和体系较为困难。由此，《湿地公约》成员国于第四届成员国大会制定了拉姆萨尔分类系统，在此分类系统中，将湿地划分成了内陆湿地、人工湿地、海洋和海岸湿地三个组别，在每一个湿地组下，根据多方面因素又细致划分了 35 个湿地类型，主要包括浅海区域；珊瑚礁；咸水沼泽；海岸性淡水湖；泥炭藓沼泽；永久性淡水沼泽、池塘；苔原、高山湿地；永久性河流、溪流、小河；鱼、虾养殖池塘；盐田、盐碱滩；运河等[1]。可以说，当前《湿地公约》对湿地所做的分类是最全面和最具有代表性的，为各国湿地学者提供了研究基础。

目前为止，中国尚未建立完善且统一的湿地分类体系，多数研究是学者们基于现有湿地定义、结合特定研究主题和目的等制定出适用的湿地分类系统。中国有关部门和不少学者对湿地分类做过大量研究。20 世纪 60 年代起，我国主要对沼泽湿地进行研究，并针对区域性沼泽先后提出了一些分类体系。中国科学院长春地理研究所根据沼泽有无泥炭积累、沼泽所处地貌部位及优势沼泽植物种等特征将三江平原地带沼泽划分为两个大类、八个亚类和十四个沼泽体。国内部分研究人员基于《湿地公约》中对湿地的分类将湿地划分为滨海与海岸湿地、湖泊湿地、沼泽湿地、河流湿地和人工湿地，总计四十余种类型。学者唐小平[2] 在分析国际部分湿地分类系统，总结国内湿地资源调研中有关湿地分类方法的基础上，结合

①　封晓梅.《湿地公约》与我国的湿地保护［D］.青岛：中国海洋大学，2008.
②　唐小平，黄桂林.中国湿地分类系统的研究［J］.林业科学研究，2003（05）：531-539.

我国具体现状与情况提出了中国湿地分级式分类系统。该系统可用于全国、省区市、地方、流域等不同层次和规模下湿地资源调查中的湿地分类。马祖陆[1]等学者探讨了一种分布于岩溶地区的一种特殊湿地类型——岩溶湿地，在对各种岩溶湿地的性质、形成、演化规律及功能研究的基础上，依据湿地的成因——水文特征——植物群落类型的分级分类标准，初步构建了岩溶湿地的专业分类体系。张鹏、颜修刚[2]等根据《贵州省湿地资源调查技术规程实施细则》中的湿地划分标准，探讨了麻阳河保护区河流湿地类型，其主要包括永久性河流湿地、季节性河流湿地、洪泛平原湿地和喀斯特溶洞4个湿地类型。衣伟宏[3]等学者利用ETM+影像技术对扎龙湿地进行了精细的分类研究，探讨了盐沼湿地、湖泊湿地、水库湿地等不同类型间的混淆度。郎惠卿[4]研究了湿地中大量存在的植被所属类型。

国内部分部门和学者对于湿地分类的方法比较简洁明了，但在实际应用中存在些许的不足。因此，在今后的分类研究中，我国应多参考国际上具有代表性的湿地分类系统，与此同时，国内相关部门与研究人员在对湿地类型特性进行分析的基础上，应对湿地定量分类指数、等级单位系统等方面进行追加研究，设定一个综合土壤、水系、生物环境保护及利用等方向的湿地分类系统，这将更加有利于湿地资源的保护与利用。

（2）国外湿地分类

国外早期湿地分类仅将湿地分为河流沼泽、湖泊沼泽、台地沼泽、间歇性和永久性沼泽、湿牧地等几种一般类型。随着人们对湿地及分类系统研究的深入，之前的单一分类显然微乎其微。此后，世界各国便根据本国具体情况，研究出了各自适用的湿地分类系统。

美国鱼类和野生动物保护协会根据湿地分布和水质将湿地划分为内陆淡水湿地、内陆咸水湿地、滨海淡水湿地和滨海咸水湿地等4类。根据积水时间、水深、植被生活型划分为了20个类型，主要包括淡水草甸、浅水沼泽、木本沼泽、藓类沼泽、盐碱沼泽、红树林盐沼等，将湿地和深水系统划分为5个等级，即系、亚系、类、亚类和优势种，基于此又细分为亚系统、湿地类和亚类。根据不同的

[1] 马祖陆，蔡德所，蒋忠诚.岩溶湿地分类系统研究[J].广西师范大学学报（自然科学版），2009，27（02）：101-106.
[2] 张鹏，颜修刚，肖志，等.贵州麻阳河国家级自然保护区河流湿地资源调查及保护建议[J].贵州农业科学，2019，47（06）：135-138.
[3] 衣伟宏，杨柳，张正祥.基于ETM+影像的扎龙湿地遥感分类研究[J].湿地科学，2004（03）：208-212.
[4] 郎惠卿.中国湿地研究与保护[M].上海：华东师范大学出版社，1998：6367.

成因类型分为 5 个湿地系：湖泊湿地、沼泽湿地、滨海湿地、河流湿地、河口湿地。根据基质类型和优势植物、湿地水文特征分成湿地类与亚系，再进一步用亚类、优势生物型和修饰因子来描述。这一分类方法比较全面并且易于操作，因此美国湿地资源清查和管理均以此为基础实施工作，沿用至今。

欧洲对于沼泽湿地的研究也比较领先。早在 20 世纪初，泥炭沼泽被划分为高位沼泽、中位沼泽、低位沼泽。此后，许多学者从沼泽水源补给、地貌地质条件、植物组成及不同应用目的等方向入手对沼泽进行了分类研究。芬兰的研究者依据植被类型将本国沼泽湿地划分成了 4 种类型，即森林沼泽、灰藓沼泽、小灌木沼泽和泥炭藓沼泽。

澳大利亚采用了佩尔曼（Paijmans）的湿地分类系统，该系统分类体系简易明了。其根据植被及水文特征，将湿地划分为类、级、亚级，主要类型包括湖泊湿地、沼泽湿地、受泛洪影响的陆地、河流湿地、滩涂和沿海水体等。随后澳大利亚研究人员基于南、北部维度差异又研究了更为详细具体的分类系统：南部有区域性的假分级湿地分类系统和一般性的湿地植被分类系统；北部有地理学分类系统等。区域间各异的分类系统为澳大利亚整体的湿地保护奠定了基础，对于湿地保护具有重要的意义。

3. 湿地的功能

（1）湿地可以促进社会发展

湿地涵盖人类生存、生产和文艺科技的方方面面。湿地气候宜人，空气清新，不仅是动植物选择栖息生存的地点，还是人类生产生活的理想之地。

河流湖泊作为湿地的一类，人类文明在此发扬光大。很多湿地拥有娱乐、科研场所，融合了大量的人类社会创造的人文色彩。娱乐设施的建立，使得人们进一步利用湿地，扩展了人们闲暇时的娱乐活动，丰富了人们的闲暇生活。湿地特有的野生动植物群落在科研领域具有重要的价值，成为科研人员的研究对象，吸引着研究人员前往湿地进行实地考察，因此湿地建立了许多重要的科研场所，有利于科学技术的发展。湿地创造的灿烂文化，境内优美的自然景色和巨大的科研价值，都展示了湿地强大的社会功能。

（2）湿地是生物重要的栖息地

湿地蕴藏着丰富的动植物资源，其独特的生态环境为地球上的生物提供了生存繁衍的隐蔽环境，是大量动植物、珍稀鸟类、兽类等生长、栖息、繁育后代的最佳地点。湿地是生物的守护者，被誉为"天然物种宝库"。湿地中栖息的野生物种具有较强的基因特性，为改良经济物种提供了基础材料。保护湿地是保护生物多样性的关键环节，关系着人类的未来与发展。

（3）湿地可以调蓄水量

湿地内部水源富裕，属于长期性质的淡水资源，滋养了全球生物。其储水能力强达泥土的九倍，被誉为"天然蓄水池"，是农业灌溉、生活供水、工业生产方面的重要水源。湿地在储蓄和吸收降雨、减少洪潮、地下水补给、水土保持等方面功能十分显著，宛若一块天然"海绵"，在雨水丰沛期和枯水期分别扮演不同的角色。湿地还可以调节大气水分，改善环境质量。

（4）湿地可以降解污染

湿地具有很强的降解和转污为净的能力。湿地水体流速缓慢可有效拦截土壤与水体中存在的各种泥沙、杂质，同时可拦蓄河川径流中的漂浮物和有毒杂物，经过自净功能，将其分解为无害的物质。湿地中大量的植物可以吸附污染物质，放出氧气供湿地生态系统利用。微生物的生长、降解等都需要吸收氧气，并利用残留的化学物质发生化学反应，将水中的有害物质沉降、分解吸收。野生动植物、微生物、水体、内在基质相互协调共同作用，可以发挥杰出的净化降解功能，从而维持湿地生态系统的平衡。由此可见，湿地是名副其实的"空气过滤净化器"。

（5）湿地可以调节气候

面对气候的变化，我们并不是无计可施。湿地对气候的调节主要是通过气温影响湿度。湿地中水体和植物的大量存在可以通过提高蒸发量来缓解酷热，提高空气湿度，调节区域气候。水体、叶面蒸发的大小和总量影响降水状况，对湿地区的水量平衡起着重要作用。红树林、泥炭地等湿地的积碳作用，可以有效缓解城市中越发严重的温室效应。充分合理利用湿地是林业应对气候变化的重要方式。

（6）湿地是重要的旅游资源

旅游是湿地开发利用的最高境界，湿地具有的独特生态景观资源和丰富的生物资源，具有较高的开发价值。湿地公园是当今最具潜力的生态休闲旅游风景区，集自然观光、科学研究等多方面功能于一体。人们可在允许范围内让身心与湿地亲密接触。许多景色秀丽的湖泊被视为旅游和疗养胜地，中国湿地区域存在众多著名风景区，如太湖、洱海等旅游胜地。城市中存在的湿地具有重要的社会、人文、经济、文化价值。

（二）湿地资源的利用类型

我国对湿地资源的利用涉及湿地面积、淡水、植物、动物以及泥炭、矿物、休闲地等，特别是进入 21 世纪以来，随着人口增长和经济社会的迅猛发展，人们对于湿地食用、药用等资源的需求日益增长，由此发展了一系列具有良好经济效益和社会效益的利用模式。

1. 湿地农业

所谓湿地农业，即通过培育湿地动植物产品，为人类社会提供食品以及生产原料的一种农业形态。传统湿地农业的常见形态包括湿地种植利用、湿地水产养殖等方面。据统计，我国 60% 以上的粮食作物、经济作物和畜产品以及 80% 以上的淡水鱼类均是由湿地农业所生产的。但是，我国湿地类型多样，具有明显的区域差异，不同地区的湿地农业模式各不相同。如珠江三角洲地区，由于当地气候多雨、地势平坦，由此形成了一种独特的基塘湿地农业模式，包括桑基鱼塘模式、蔗基鱼塘模式等；在重庆巴南、渝西地区，由于人多地少，结合当地自然环境形成了"双千田"组合模式；在东北三江平原地区，结合当地水土资源特点，因地制宜，形成了"稻—苇—鱼"复合生态系统湿地生态农业。

2. 湿地旅游

（1）湿地旅游的内涵

湿地旅游是生态旅游的重要组成部分，其是以生态和自然环境为取向展开的一种既能获得经济效益，又能促进生态保护的旅游活动。近年来，随着我国湿地公园建设的持续推进，湿地旅游开始兴旺。目前，我国湿地旅游形式主要包括乡村湿地旅游和湿地公园旅游。我国的湿地乡村旅游活动主要开展于湿地资源丰富、乡村湿地景观优美的区域，如山东微山湖、江西婺源。湿地公园旅游多围绕生态环境优美、湿地景观多样化的生态型主题公园，如杭州西溪国家湿地公园、湖北神农架大九湖国家湿地公园等。

（2）湿地旅游资源的分类

①动植物景观资源。由于湿地气候湿润，地理位置相对平坦，因此湿地地区的自然景观资源非常丰富，尤其是动植物资源。动物一般分为水、陆、空三栖，我国每一个湿地景观的动物景观都各不相同。而植物景观包括水、陆、旱三种类型，不同地理位置及气候环境的湿地景观中所生长出的特别植物就成为该湿地的重要保护植物和特色。

②水景观资源。水景观主要分为动、静、落三种形态，由于湿地所处的地理

57

位置和水的质地不同，形成的水景观也各不相同。水景观的形成可根据有水与无水来区分，一般有沼泽地、湖泊、湿草甸、河流、洪泛平原、泥炭地、河口三角洲、湖海滩涂、湿草原、水田、河边洼地、漫滩、水库、坑塘等水景观。

③人文旅游资源。首先，湿地区域水资源丰富，因此鱼是当地居民的主要食物类型之一，甚至很多地区已发展出了"无鱼不成席"的独特风俗与饮食特点。在进行湿地旅游项目开发时，可将鱼类餐饮及渔俗文化作为特色旅游资源，并由此开展相应的品牌打造实践。其次，水运是湿地区域居民的主要交通方式之一，因此可依托水路资源，将水上观光、游船体验等作为特色旅游项目。最后，在民间故事、神话传说、诗词歌赋、宗教信仰等方面，湿地区域也可表现出一定的独特性，这也为湿地旅游提供了良好的人文资源基础。

3. 湿地产品加工

湿地不仅为人类社会提供水稻、鱼、虾、贝类、水生蔬菜等湿地食用产品，其还可提供大量原材料，用以加工制成各种生活和建筑用品，以及药用、工艺等产品。例如，在中国东北的辽河三角洲湿地，芦苇湿地被广泛地人工管理以最大限度地提高芦苇产量，据统计，每年用于生产纸浆的芦苇生物产量已达40万吨。湿地植物其茎、枝、皮柔韧，是制作编制品以及工艺产品的优良原材料，在我国当前编织品和工艺品中有相当一部分是湿地植物制成的，且随着人民生活水平的提高，人民对于编织品和工艺品的需求也越来越多，具有十分广阔的生产前途。另外，以湿地动植物或其提取物为原料制作加工成饮用产品，也是湿地产品利用开发的形式之一。

（三）湿地资源保护的紧迫性

湿地资源遭到严重破坏。森林、海洋、湿地三大生态系统中，我国已经对前两者进行了专门的立法保护。但是，湿地作为地球重要的循环系统，我国还没有专门立法对其进行保护。人们在开发和建设过程中非法占用、盲目开垦湿地的现象屡禁不止。随着我国人口数量不断增长，经济高速发展，湿地空间不断被挤占，大量的湿地沦为城市化、工业化的牺牲品，造成了水体污染、生物多样性减少等问题。数据显示，我国湿地面积在十年间减少了约340万公顷（1公顷=10 000平方米），近似于海南省的面积，缺少全国性的湿地保护法律是湿地生态保护面临的主要问题。

新中国成立七十多年来，我国东部沿海地区的濒海湿地约有一半消亡，成千上万个天然湖泊不复存在，如鄱阳湖是我国第一大淡水湖，也是我国第二大湖，人类活动使得鄱阳湖流域开发过度、植被破坏，导致水土流失严重，湖泊蓄水能力下降，生物多样性减少，河流富营养化严重。因此，保护鄱阳湖湿地的生态环境已迫在眉睫。位于黑龙江省的三江平原，约80%的天然湿地因开垦农田而不复存在，以牺牲环境创造经济收入的发展模式，已不适应时代发展的潮流。"两山论"体现了"五位一体"的发展理念，在人与自然和谐共生的现代化建设中找到了可持续发展的道路。

湿地的生态、经济、社会功能遭到破坏。湿地数量和面积大幅度减少，湿地的三大功能和经济价值也在不断地减弱和下降。由于湿地面积不断萎缩，湿地所具备的生态功能也受到了不同程度的影响。首先受到冲击的是湿地的蓄水能力。同一地区湿地数量的多寡、面积的大小决定了湿地蓄水能力的大小，当湿地面积慢慢萎缩，或者消亡时，湿地的蓄水能力也会随之下降或者消亡，湿地蓄水抗洪的能力也将不复存在，导致洪水肆虐。其次，湿地中生存的野生动植物的种群数量也会受到冲击。湿地面积的缩小甚至消失，导致水生植物失去了赖以生存的生长环境，最终枯萎，死亡。最后，湿地资源的减少将会导致全球生态环境恶化，极端天气频发。

湿地资源大幅度减少，使得依附于湿地资源的经济价值和社会价值也受到了不利的影响。湿地中存在大量的水生植物以及鱼虾等渔业资源，为人们带来了巨额的经济价值。然而，湿地数量和面积的减少必然造成其生物数量的减少，导致巨大的经济损失。

基于以上分析，保护湿地已到了刻不容缓的时刻。一旦湿地的生态系统遭到破坏，湿地的水生动植物就会逐渐消亡，湿地的社会功能和经济功能将不复存在，最终将会导致严重的环境问题。

（四）湿地资源保护的理论基础

1. 景观生态学理论

欧洲是首先进行景观生态学研究的国家，随后在北美迅速发展，景观生态学的研究对象为整体景观。研究内容主要包括景观的功能作用、动态变化等，研究目的是达到不同尺度上的结构与格局的合理化调整，从而为保护与利用奠定基础。湿地作为与人类生活息息相关的主体景观要素之一，应从景观生态的角度予以分析，以改善湿地的生态功能。

2. 生态学原理

湿地生态系统内各组分间存在复杂的相互依存关系，改变任意一个组分，必然会影响系统内其他组分，以致影响整体。生态学在时间与空间方面均发挥着重要作用，不仅能维持自身组织结构的稳定性，逆转外界因素带来的负面影响，还能维护系统整体的稳定发展与和谐共存。因此，将生态学原理作为科学指导，可为我国社会经济发展、城乡建设等指明方向。

3. 恢复生态学理论

恢复生态学是在探析生态系统退化原因的基础上，以恢复其原貌和肌理为目标探索恢复与重建的方法与技术。其包含恢复、改造、重建等含义，主要包括生态系统中生物多样性的保护、整体结构与功能的恢复等，继而使得被破坏的生态系统得到快速有力的恢复，使其再次益于利用并恢复潜力。世界大约 80% 的湿地资源遭遇丧失或退化，通过生态恢复研究其退化机理、退化的原因，科学地评估每种干扰因素的存在率，是进行生态恢复的前提条件。

4. 可持续发展理论

可持续发展理论是针对不断恶化的生态环境问题提出的，为恢复生态研究提供了可能性。生态系统从可持续变为不可持续是由于遭受干扰造成的，抑制或消除干扰因子将有利于促进生态系统的健康，使生态系统步入正常演替的轨道。因此，在考虑湿地开发时应充分联系湿地保护现状，考虑是否可以保持湿地资源的可持续利用。

（五）湿地资源环境保护的策略

1. 坚持湿地资源环境保护原则

（1）坚持综合性保护原则

湿地保护必须采取均衡且整体的保护措施，统筹规划。相关部门应结合湿地分布特征，实行分区分级的综合性保护。要把非工程与工程措施有效地结合起来，将科研、管理、宣传教育等有机地融合起来，以此实现综合保护。

（2）坚持生态优先的原则

在开展湿地资源环境保护工作时，人类要尊重自然、保护自然。坚持生态优先，促进绿色发展，重点加强对生物多样性的保护工作，让湿地生态系统结构和生态功能保持完好状态，实现生态系统平衡健康发展的良性循环，构建宜居的生活环境。

（3）坚持资源保护和合理利用相协调的原则

在坚持生态优先和综合保护的前提下，将湿地资源环境保护工作与经济发展事业密切衔接，协调长远与当前的利益关系，进行合理有序的开发，实现资源的可持续利用。

（4）坚持部门相互协调、统一配合的原则

湿地保护是一项系统工程，需要融合多方力量。相关各部门各要素要相互协调、高效合作、广筹资金，如环保、林业等部门应做到齐抓共管、统筹安排、发挥合力。

（5）坚持科学恢复的原则

坚持以科学技术为导向，实事求是。正确处理湿地环境保护与科学利用的关系，积极探索科学保护的模式与机制，充分吸收国外湿地环境保护与恢复的成功经验与方法。结合具体情况，在全面且合理地规划的基础上采用国内外生态新技术、新方法，重点关注实际效果。

2. 完善湿地资源环境保护法律

（1）完善湿地资源环境保护的管理体制

①明确湿地管理的权责。一方面强化中央政府在宏观方面对湿地资源的管控，首先明确中央政府面对湿地环境保护和管理工作时拥有最高的决策权。国内发生湿地管理工作权责不明，林业部门因权限问题难以管辖的情形时，中央政府利用决策权明确湿地的管理工作。涉及国际湿地管理问题以及国际湿地条约由中央政府决策。其次，中央政府拥有监管湿地的职权，中央政府定期或者不定期检查地方政府湿地管理工作的落实程度，并将检查情况反馈给地方政府，以便地方政府按照反馈情况及时调整湿地管理工作。央企的特殊性，使得央企在破坏湿地生态环境前提下进行经济发展时，地方政府无权对其监管，因此，应由中央政府进行合理管控。最后，中央政府拥有统一协调湿地管理的职权，中央政府协调跨省湿地界限的划分和跨省湿地管理以及隶属于中央不同行政部门之间涉及湿地管理的矛盾。另一方面明确地方政府管理湿地的权力。党的十八届四中全会要求各省级行政区人民政府行使职权时，按照法律的有关规定，精简行政部门，提高办事效率。

首先，地方政府享有管理本辖区湿地的权力。我国湿地分散在各个区域，中央政府很难对每一处湿地进行管理工作，地方政府可以实时观察本区域内湿地生态环境的变化情况，并及时有效地调整湿地管理工作。地方政府直接对湿地进行管理，可以在第一时间获取本辖区内湿地生态环境的状况，同时，面对湿地范围内发生的紧急状况，当地政府可以根据具体状况及时采取有效措施。其次，地方政府对本辖区有关湿地的政策的落实情况进行监督，避免出现政策落实不到位的情况。最后，地方政府应有协调各部门的职权，湿地管理工作的落实需要依靠当地政府协调，各部门在管理湿地时难以达成共识，由当地政府进行协调，以明确湿地管理工作。

②建立湿地管理协调机制。在管理其他自然资源时，我国仅有一个行政部门拥有决策权，并制定了相应的法律法规对其行使职权提供法律保障。我国的分部门管理模式并不等于分散管理，而是建立在统一协调的管理体系之上。农、渔业以及水利等部门负责执行该区域内的湿地政策，湿地资源如果在其职责范围内发生变化，各部门应传达给本级的林业部门，林业部门根据反馈的湿地信息调整保护和管理湿地的政策。同时，湿地资源环境保护的管理可能跨越多个行政区域，其他部门难以有效地进行管理，需要上级人民政府统一安排。各省级行政区政府根据本省的实际情况分别制定了湿地保护条例，省级政府由于级别相同无权干涉其他省份对湿地资源的管理，当开发利用湿地资源造成生态环境破坏时，各省级政府则按照各自制定的湿地保护条例对其进行保护，当各省级政府在管理湿地过程中产生分歧时，应报请上级人民政府使其协调各方在湿地保护中的管理权限。所以，当不同行政区域在湿地管理上产生分歧时应当上级政府主导，调动不同部门协调有序地工作，同时听取专家学者关于湿地保护的管理建议，提高湿地资源环境保护的效率。针对管理责任落实不到位的情况，相关的湿地资源环境保护管理部门应当综合执法。湿地资源环境保护与开发利用可以获得可观的经济利益，湿地资源环境保护主管部门的行政权力过大必然会导致腐败滋生，监督及问责湿地资源环境保护主管部门尤为重要，防止其暗中操作，损害国家及人民的利益。

（2）完善公众的参与制度

制定湿地资源环境保护法不仅是为了保护湿地的生态环境，保障公民享有的相应的环境权，更是为了维护人类自身的生存和发展。湿地资源环境保护法的制定可以调和公民的经济利益和环境权益之间的矛盾。公众参与一旦缺失，必然造成公众思想上和行动上的不一致，难以体现湿地资源环境保护立法的目的。当前，我国公民参与湿地资源环境保护途径有限，为体现政府决策的科学性、透明性，必须拓宽公民参与渠道。信息公开是公众参与湿地资源环境保护的前提，在互联网大数据时代，要充分利用网络平台打造一个透明的湿地信息交换平台，开放评论区，让公众自由发表自己对湿地保护的观点，这有利于湿地资源环境保护的民主决策和舆论监督。湿地资源环境保护公众参与还包括以下内容。

①公众参与湿地保护的方式应多元化。

首先，公众应参与湿地管理的决策。湿地作为自然资源的一种，其所有权属于国家或者集体，公民作为国家或集体的一员有权参与湿地管理有关的决策。湿地资源的开发必然会在不同程度上影响生活在附近的居民，尤其是以湿地资源为生存资源的居民，其影响程度不言而喻，政府及湿地管理部门在开发和保护湿地时应当事前举行专家论证会或者组织居民举行听证会等，听取专家学者以及群众的建议。

其次，公众参与湿地管理的监督体系。任何制度的建立必然存在相应的监督机制，涉及湿地资源环境保护的相关制度亦是如此，只有这样，才能使其相关制度有效实施。公众对湿地管理的监督既包括对司法机关在湿地权益受损时做出审判结果的监督，也包括开发利用湿地前对资源环境影响评价的监督。公众参与监督可通过市长热线、新闻媒体、举报等方式。政府机构对于公众的监督要及时回复，对于不在本级政府回答范围内的意见，则要做出具体的解释和说明，并告知公民有管理权的政府机构。

再次，建立"社区共管"的模式。社区共管，是指由当地的居民社区参与保护区管理方案的决策、实施和评估过程。一是成立共管委员会，其人员由政府工作人员、专家学者、湿地管理人员以及生活在周边的小区居民等组成，共管委员会成员均志愿加入，采取协商一致的原则，监督并评估开发利用湿地的项目，共同维护湿地保护区和社区的正向发展。二是定期或不定期公布调查结果，共管委员会的组成人员对社区的经济活动和开发利用湿地的行为进行调查，确保湿地的生态资源不被破坏。

最后，制定社区湿地管理保护目标，共管委员会人员与生活在湿地周边的小区居民协商制订湿地管理计划，保护湿地环境。

②发挥非政府环保组织的作用。

第一，非政府环保组织既要和当地政府保持良好关系，又要维护自身的独立性。当地政府依法对非政府环保组织进行管理，民间环保组织只有获得政府支持才能更好地保护湿地生态环境，政府制定生态环境保护政策的相关权威材料与民间环保组织共享，民间环保组织根据政府材料组织有针对性的湿地保护活动，共同保护湿地的生态环境。

第二，政府通过制定法律法规，使非政府环保组织在参与湿地保护的活动中有法可依。通过立法规定我国非政府环保组织成立的条件，放宽成立标准，任何机关单位不得对该组织举行的合法活动进行干扰，同时依法保障其合法利益。政府鼓励非政府环保组织积极发现问题、反映问题，对破坏湿地生态环境的单位和个人依法提起诉讼。

第三，针对民间环保组织资金不足的问题，当地政府通过建立基金，对其进行援助，通过税收减免的方式对捐助资金的企业和个人给予一定的税收优惠，保障环保组织的正常运行。

③加强各领域的交流合作。民间环保组织作为非政府组织的一类是公众参与环境保护重要的途径，民间环保组织存在于公众之间，能够清楚地了解到居民对周边湿地环境问题的看法，准确地反映居民对湿地环境的需求，自发地开展保护湿地生态环境的活动。该模式有利于依靠群众对政府机关进行制约。跨境湿地由于国界不同，其管理模式也更不相同，为了更好地保护湿地的生态环境，两国要加强湿地保护方面的沟通与合作。

3.加强对湿地生态环境的治理

（1）工程治理

工程治理主要就是对湿地周围的环境进行建设和保护。通过退耕还湿、水质改善工程、兴建保护区等来促进湿地恢复原有的良好状态，减少人为因素对湿地的破坏，从多个方面入手尽量减少对湿地的影响，尽快恢复湿地的蓄洪能力、气候调节能力等。相关部门应结合当地湿地情况，制订出合理的湿地保护政策和管理方案，并推动实施，通过水利工程建设等，科学地修复湿地，保护湿地。

（2）生物治理

生物治理策略主要包括生物修复技术等，对湿地中的植被和生物进行调控，以进一步优化湿地的生物层次。湿地中的植物可大概分为湿生植物、水生植物和沼生植物三类，湿地生物治理恢复也可从这三方面入手开展，如消除杂乱的草类、植物多层次优化配置等。湿地的动物恢复可从鱼类资源入手开展，通过保护珍稀鱼类的栖息地，保护珍稀鱼类。另外，要禁止人类对湿地中的鱼类进行滥捕滥杀，保护鱼群数量，提高湿地水产资源的安全性。相关责任部门应明确责任主体，贯彻"谁破坏谁修复"的原则，对湿地管理层层把控，根据当地的实际情况以及对湿地未来的发展规划，将湿地的各项指标进行划分并纳入各级考核中去，实行严格的管控，确保湿地可持续发展。

三、生物多样性及其保护策略

（一）生物多样性概述

1.生物多样性的内涵

理解农业生物多样性，有必要先从学理角度理解生物多样性和农业的内涵。

生物多样性（Biological Diversity）一个内容丰富的词语，不同学者、不同国家、不同机构在其各自语境中给出的定义是各不相同的，其外延更加复杂、庞大。生物多样性在生态学上的内涵是指在一定活动区域内多种多样的有机体（动物、植物、微生物）有规律地结合所构成的稳定的生态综合体。在生物学上的内涵，主要反映出生命有机体生存形式的多样性和变异性。在法律、政策的权威定义中，最贴切的表达是《中国的生物多样性保护》白皮书中的定义：生物多样性是生物（动物、植物、微生物）与环境形成的生态复合体以及与此相关的各种生态过程的综合，包括基因、物种和生态系统三个层次。生物多样性应当包含五个部分，这五个部分有三个是为行政法规和部门规章所认可的，即"生态系统多样性、物种多样性和基因多样性"，还有两个也应当包含在生物多样性的内涵中，即景观多样性和文化多样性。在此对白皮书中三层次的含义及其为何是生物多样性的组成部分做逐一论证。

基因多样性（Genetic Diversity）：基因是用以表示遗传功能的一个单位。由脱氧核糖核酸组成的片段，按特有的顺序排列在染色体的长轴上，这些片段称为基因。基因能精确地自我复制，从而使其功能特异性代代传递。因为基因是生物遗传的媒介，故又名遗传多样性。

物种多样性（Species Diversity）：生态系统中物种丰富程度的指标。《中国生物物种名录》2021版显示共收录物种及种下单元127 950个，其中物种115 064个，种下单元12 886个，包括哺乳动物564种，鸟类1 445种，植物界38 394种等。物种多样性可视为人们对生物多样性最直观的认识，物种处于生物多样性的枢纽环节，向上视为生态系统的构成部分，向下视为遗传多样性的载体，可见物种起着承上启下的作用。

生态系统多样性（Ecosystem Diversity）：《生物多样性公约》对生态系统进行了定义。生态系统多样性是指生物圈内生境、生物群落和生态过程的多样化，生境多样性是生物群落多样性甚至是整个生物多样性形成的基本条件。保护生态系统多样性成为遗传多样性与物种多样性保护最有效的途径，生态系统多样性的丧失是物种多样性和遗传多样性丧失的最终原因。

2. 生物多样性的价值

（1）生态价值

生物多样性保护的生态价值，在于对生态环境的调节，稳定水源。生物多样性有利于环境资源总量的维持，大量的森林湿地资源有利于调节气候，对涵养水源、防止土地沙漠化和减少地质灾害起着至关重要的作用，可以在一定程度上维持生态系统的动态平衡。生物多样性的存在还有利于净化环境，分解消散有毒有害的物质，保持生态环境健康，更利于人类生产生活。在当今现代化社会中，人类为了获得更高的生活水平，加快经济建设、生产建设，导致了大量污染物质的排放。这些污染物质排放到海洋河流湖泊中，使得大量的水生生物减少以及相应的动植物生物链断裂，生物种类急剧减少，野生动植物大量死亡，环境被破坏。现在国家政策导向为绿水青山就是金山银山，保护生态环境、保护生物多样性就成了重中之重，最切实可行的便是监测污染物的排放，帮助已经被破坏的生态环境恢复生机。只有生态环境稳定，人类才会有一个更好的发展环境，才能真正做到人与自然和谐相处，才能保持生物资源的安全稳定。

（2）经济价值

生物多样性以及相关的生态系统可以为人类生产生活带来巨大的经济价值。正因为有生物资源的多样性，人类社会才会不断进步和发展。生物多样性的经济价值，宏观上可以分为生物多样性的直接价值、生物多样性的间接价值和生物多样性的潜在使用价值。生物多样性的直接价值，可以理解为人类在生产生活中所利用消耗的属于物种本身的价值。例如，住在江边的人类，利用江水中本身存在的鱼类资源打鱼自给自足、住在土地肥沃地区的人类利用田地种菜种粮食、住在山间的人类利用地势打猎自足等，这就是所谓的小农经济。我国的封建社会存在时间久远，人类的生存和繁衍就是靠着小农经济模式。这期间大多是利用了物种的自然属性，也就是直接价值。生物多样性的间接价值，不是利用了物种的本身自然属性，而是物种的一种特性对周遭环境的影响和改变造福于人类生存环境的特性价值，表现在改善居住环境上。例如，正是不同物种的存在，才得以调节气候、涵养水源、改善土壤环境，这也为生物多样性的直接价值提供了支撑。生物多样性的潜在使用价值，主要是指我们现有的科学技术还不能发现全部的生物资源，对于野生动植物，我们的研究发现只是一小部分，认识相当有限。同时，它们的生命又是脆弱的，一旦被破坏便不可再生，各种价值就不复存在了。

（3）美学价值

生物多样性还有一种很重要的价值，也就是美学价值，美学价值具体指的是文化旅游价值、观赏性价值。在静态景观方面如森林、湿地、高山草原、沙漠湖泊等，在生物景观方面如大熊猫、东北虎、绿孔雀、金丝猴等，这些都有着重要的美学价值。景观的丰富性也为艺术创作提供了丰富的灵感来源，为人类文学艺术创作提供了资源。所以，生物多样性的美学价值是十分重要的。由于人类认识水平有限，我们并不能完全了解、发掘、利用物种的各个价值，所以对于不了解的物种也需要珍惜和保护。

（二）生物多样性保护的理论基础

1. 生态文明理论

习近平总书记指出"生态兴则文明兴，生态衰则文明衰。生态环境是人类生存和发展的根基，生态环境变化直接影响文明兴衰演替。"这是对社会生态文明发展的科学总结，其中有我们对于农业文明发展过程中对生态环境影响的总结，也有着对工业文明以来以牺牲环境为代价的深刻反思。新时代生态文明建设作为习近平生态文明思想的最新成果，站在了人类文明发展的新高度，为中国日后的生态文明建设指明了前进的方向和道路。

我们坚决地抛弃了为了"发展经济需要牺牲环境"，"先污染，后治理"的老路将不复存在了。生态文明的建设，就是我国对人类社会可持续发展的贡献，提出绿水青山就是金山银山的倡导，是有利于中国人民的根本利益的，也是对人类命运共同体建设的巨大贡献。我们是一个有着 14 亿人口的大国，作为当今世界上最大的发展中国家，我们一旦决心推进生态文明建设，以建成清洁美丽的社会主义现代化强国为目标，将会在很大程度上改变世界环境格局，也能造福全人类。

2. 可持续发展理论

可持续发展理论作为环境法的重要理论基础，在社会经济发展中，有着重要的理论意义和实践价值。在生物多样性的经济价值中，谈到了生物多样性对人类社会经济发展的本源性、主导性作用，证明了社会经济发展离不开自然环境和生物资源。那么生物多样性的稳定性就显得至关重要，要利用生物资源实现长足发展，保障人类生活得越来越好。

社会发展到今天，生态问题和环境问题日益突出，人与自然如何和谐相处成了最大的难题，这也是世界难题，需要大家一起共同努力。可持续发展理论越来越深入人心。可持续发展方式已经成为众所周知的新的经济增长方式，让经济发展更加有效率有意义，它的目标就是要让社会有可持续发展的能力，让人类在地球这个大家园中长长久久地生活下去。自然系统是一个循环着的生命支撑系统，如果自然系统一旦有了缺口，它将不再稳定，那么地球上的一切生物都不能生存下去了。保持生物多样性就是维持自然生态的稳定，就是可持续发展的基础，它要求我们节约资源，在生产生活中对资源的开发和利用都要有节制。

3.利益衡量理论

不同的部门法的相同原则就是利益衡量原则，立法活动的本质就是要通过有意识的活动达到治理社会的目标。需要了解立法活动和各方利益是息息相关的，要全面认识各种社会利益关系，通过立法活动平衡各方利益，从而达到社会稳定的状态。要想与国家利益不产生冲突，就是要借助立法这一专业化的社会控制手段。环境法牵涉的部门广，冲突复杂，更加要注重立法的平衡。在立法实践中，关于生物多样性保护法律的制定要整体考虑我国法律体系中各部门之间的衔接作用，处理好利益关系。充分考虑各种因素，考虑立法的目的、作用和意义，要让利益衡量理论贯彻到整个立法活动之中。

（三）保护生物多样性的策略

1.加强生物多样性保护的金融支持

（1）提高金融机构的生物多样性保护意识

政府部门应多渠道宣传，提升银行、企业、公众的生物多样性保护意识，提升生物多样性保护的专业性。中央银行应发挥结构性货币政策工具作用，设立生物多样性保护专项贷款，引导信贷资金流向生物多样性保护领域。政策性银行应发挥"头雁"作用，将自然资源"转绿成金"的同时，发挥动员商业性金融机构、私营部门等利益相关方的作用，多渠道、多领域筹集生物多样性保护资金。商业性金融机构应强化责任意识，将生物多样性保护纳入发展战略中，逐步减少对破坏生物多样性的行业和项目的投资活动，并制定目标落实的时间线。

（2）缓解生物多样性保护融资约束难题

①加快完善现有绿色金融标准。进一步细化《绿色债券支持项目目录》《绿色信贷指引》中与生物多样性保护相关的内容，根据生态修复、野生动植物保护、可持续利用等具体工作内容建立金融机构支持生物多样性保护项目清单，明确金融机构支持生物多样性保护的范畴。

②创新投资模式。参照国际开发性金融机构的三种投资模式，将公益型项目市场化运作，缓解生物多样性保护项目缺乏持续现金流的难题。

③完善价值评估体系。统一目前国内外通用的价值评估办法，衡量金融机构支持生物多样性保护的效益，测算项目投资中的生物多样性保护风险，形成包含生物多样性保护在内的风险压力测试要求。

（3）完善生物多样性保护配套保障机制

持续探索建立生物多样性保护专项基金，通过优化税收制度、转移支付和特许权使用费等财政措施来提高对生物多样性保护的投入。将补贴改革作为当前生物多样性保护最主要的措施进行试点实践，对生物多样性可能产生危害的农业、渔业和林业补贴进行调整。

除此之外，金融机构应加强与监管机构、学术界以及第三方的合作，研究测量资产组合中与生物多样性足迹相关的工具，并制定企业生物多样性保护评价体系，推进企业在生物多样性方面的自主披露、自主贡献，为信息披露意愿强、生态信用好的企业优先授信、优先放款。

2. 加强生物多样性保护的生态文明引领

（1）系统推进生态环境保护，实现人与自然和谐共生

将人与自然和谐共生作为终极目标，按照山、水、林、田、湖、草、沙生命共同体理念，将基于自然的解决方案作为基本准则，从生态系统的角度统筹生物多样性保护，制定新时期的生物多样性保护框架，设计切实可行的保护目标与推进措施，推动全球重点区域的生物多样性保护，指导各国未来十年生物多样性保护工作。

（2）推进绿色转型发展，实现经济与环境协同发展

要按照"绿水青山就是金山银山"的理念，做好宣传引导和激励约束，推动形成绿色低碳的生产模式，鼓励社会公众形成绿色节约环保的生活方式和消费理念，提升国家、地区、公众、企业参与生物多样性保护的意愿，把经济活动、人的行为限制在自然资源和生态环境能够承受的限度内，实现全球转型。

（3）推动生物多样性保护国际协作，构建地球生命共同体

保护生物多样性需要世界各国同舟共济、共同努力。新时期的全球生物多样性保护要强化地球生命共同体意识，坚持多边主义，在充分尊重发达国家与发展中国家责任与能力差异的基础上，按照共同但有区别的责任原则，构建生态文明治理体系，将全球目标转化为各国行动，形成协作合力。

3. 完善生物多样性的生态补偿制度

（1）扩大主体范围

我国生物多样性的生态补偿需要大量的经济支持，现在生态补偿的经济支持的来源主要是中央地方财政转移支付，渠道单一，需要拓宽资金来源渠道，增加来源主体：一是加大政府的支付力度；二是引入市场主体；三是完善公众参与制度。

生物多样性与生态资源环境，性质上都是"公共产品"，由于公共产品的外部性，利用生物多样性开发获取利益的行为会造成负外部性。在实践中，外国政府都是通过政府调控来进行缓解的。我国生物丰富，自然保护区众多，并且分属于不同的行政区划。在对生物多样性进行生态补偿时，需要注意调节各行政区域之间的利益冲突。政府既可以作为补偿主体也可以作为受偿主体。在对生态环境进行补偿的同时，也可以向利用生物多样性获取经济利益的个人或者企业征收一部分的生态保护税，使得生物多样性破坏行为的外部成本内部化。政府财政支付是主要的方式，不过如果单纯只是依靠政府，会使得政府财政压力过大、负担过重，政府财政支出也会随着社会发展的情况调整，具有不稳定性，所以还需要引入市场主体，加强市场的支付能力。可以参考国外生态补偿实践，大都会引进市场参与的模式。重视公众参与，生态环境保护和生物多样性保护是我们全人类的责任，需要让生物多样性的生态补偿制度明确具体地传达到各个居民，加大宣传和培训力度，让公众充分了解政策，积极听取公众对于生态补偿方式、标准的意见，真正做到政策体现民意，激发公众的积极性，这有利于生态补偿工作的顺利施行。

（2）确定补偿标准

学界中，生物资源的生态补偿的标准大概分为四种，包括生态系统服务价值评估标准、条件价值评估标准、保护成本评估标准、保护损失评估标准。服务价值评估法主要以保护区的功能价值为依据来确定成本的限值，主要特点是可以激发人们保护生态环境的积极性，但是缺点就是评价存在一定的难度；条件价值评估法是根据支付意愿和受偿意愿来确定标准，这种方法可以充分考虑到政府的支付能力，不足之处就是效率比较低；保护成本评估法也因为只考虑生态补偿的经济成本没有关注到效益成本等人力成本，导致有一定的局限性；保护损失评估法，可以全面评价到各方因素，但是测算难度较大，不能得到准确的数值。我国采取的是保护成本评估法。可以使用保护损失评估法来确定标准更加的科学合理。

（3）明确补偿程序

程序正当化的内在要求其实就是要保证流程的规范化，使得生态补偿制度能够被很好地实施，规范化的流程有利于保障绩效评估工作顺利开展。

建立生态补偿程序，保障各方义务的履行。可以参考土地征收征用程序。一是公告环节，需要向公众公开生态补偿项目的补偿制度，使公众对生态保护补偿有明确的认识。可以通过官方网站、广播电视、政府机关公告等方便大众了解的方式。二是进行信息登记。通过登记确定生物多样性生态补偿的受偿主体，及时发布登记信息，让公众积极主动来进行登记申报，减少登记流程，让补偿活动顺利进行。三是确定补偿方案。各生物多样性保护机关应当根据当地的经济水平发展特点来调整确定生态补偿的方式和标准，及时制定生态补偿方案。四是公开协商，广纳意见。补偿方案及时公布，定期举行听证会听取公众的意见，机关及时做出解释，充分协商之后，确定一个双方满意的方案。五是对于方案不能达成一致的争议的处理。补偿方案没有达成一致，应当确定协调机关和救济途径。六是补偿方案的公布。补偿方案及时公布公示以便后续有意见可以及时调整改动。七是补偿的及时给付。补偿机关主体应该按照确定的补偿方案的补偿数额及时给付受偿主体。

（4）完善救济途径

生物多样性生态补偿的行为会给合法权利人带来损失，合法权利人需要通过司法救济途径实现救济。

①严格执法和公正司法实现联动。司法判决的执行落实问题会影响生态补偿的效果。实现审判机关、检察机关、公安机关和生物多样性保护主管机关的协调联动。执行司法救济需要一个过程，生态补偿主体要加快落实司法救济的工作要求，根据补偿方案及时对受偿主体进行补偿，及时公布执法的进展情况，做到公正公开有效率，受偿主体也能及时了解进度，积极维护自己的权利。让司法执法主体的每一步都透明化，这有益于受偿主体和被侵权主体能真正看到维护权利的过程，拓宽维护权利的渠道，维权依据应更加明确，进而促进生态补偿司法救济落到实处。

②建立多元化纠纷解决机制。落实基层环保法庭的法律指导，加强非诉和诉讼的联动配合，最大限度地保障生物多样性保护相关法律的活力。此外，司法救济对延迟履行义务的生态补偿实施者应当规定一定的惩罚措施，起到相应的警示作用。人民群众就侵权行为反复寻求司法救济，一定会耗费群众精力、妨碍生态补偿制度的落实，同时在一定程度上也会造成司法资源的浪费。所以有必要建立惩罚机制，对反复出现的问题落实到相关责任人，对相关责任人予以惩罚，这有益于行为主体规范自身行为。

71

第四节　矿产资源的利用与环境保护

一、矿产资源的特点

（一）人均占有量少

目前，我国整体矿产资源较为丰富，资源种类繁多。但是，由于人口众多，人均矿产资源占有率相对较低。在众多的矿产资源中，一些重要的资源严重不足。例如，我国铁矿石资源相对丰富，人均占有率仅为世界人均占有率的42%。然而，我国人均消费比世界水平高129%，消费与储量之间存在严重失衡。其他类型矿产资源的情况与铁矿石资源基本相同，总体储量大，综合利用率低。我国资源现状，决定了需要充分利用各种矿产资源，提高资源利用率，为我国社会经济的发展打下良好的基础。

（二）贫矿多，富矿少

贫矿多、富矿少是我国矿产资源开发的主要特点。其中，贫矿类型多见于铁矿、磷石和铜石矿。主要以铜矿为例，我国大部分铜矿石的品位不到世界最大出产国的三分之一，品位仅为0.87%。而在富铜矿中其品位均大于1%，特别是一些品位更高的铜矿，其含量约为30.5%。其余大多属于低品位矿产，这严重暴露了我国矿产资源贫矿多、富矿少的缺点。

（三）采取难度大

以铁矿石为例，微细粒嵌布的难选赤铁矿占据了三分之一。其中磁铁矿占48.8%，钒钛磁铁矿占20.8%，赤铁矿占20.8%。其中，许多矿物很难有效利用。以目前的采矿技术还不足以开发现有的全部矿产资源。

（四）单一矿床少

所谓单一矿床少，指许多矿产资源都是共生的、伴生的。但是，在有色金属开采中，大部分伴生矿床可通过合成用途获得。目前，金、银、铂等30多种矿石大多是通过综合利用的方式开发的。

二、矿产资源的利用现状

（一）矿产资源结构不理想

我国地大物博，矿产资源种类齐全、总量丰富，潜在价值居世界前列。据《中国矿产资源报告 2021》，截至 2020 年底，我国已发现矿产 173 种，其中能源矿产 13 种、金属矿产 59 种、非金属矿产 95 种、水气矿产 6 种，煤、铁、铜、铝、钨、锑、铅、锌、稀土、石墨等资源储量高居世界前几位。

国家中长期科学技术发展规划战略有关研究指出，我国矿产资源紧缺、形势严峻，富矿多数已被开发利用，面临无好矿可采的局面。

与世界其他国家相比，我国因为人口众多，矿产资源人均拥有量低，不足世界人均占有量的一半。2021 年，严重的煤炭短缺使我国一些省的工业用电受限。

（二）矿产资源消耗量大

目前，我国正处于工业化快速增长阶段，矿产资源消耗量巨大，特别是对重要矿产资源的消费和生产，在现在及今后相当长一段时间内都将保持在较高水平，其中一些矿产资源需求量将在 10 年内达到峰值。一时之间很难改变中国作为全球能源和重要矿产资源第一消费大国、生产大国和贸易大国的地位和态势，矿业将长期作为我国重要的支柱产业，但矿产资源可利用量已无法支撑我们的经济发展需求。对矿产资源巨大的需求和开发量导致我国自产矿产资源供不应求，资源严重短缺，矿产资源进口量连年大幅增长，国内矿产资源安全形势仍然非常严峻。

近几年，全球对资源需求的快速增长也伴随着矿产资源价格的上涨，根据《世界能源投资报告 2022》，2021 年初以来，关键矿产资源尤其是锂、钴、镍、铜和铝等矿产资源的价格涨幅创造了 10 年来新高，其中锂的价格翻了一番，2022 年初更是在此基础上又上涨了两倍多。进口矿产资源和矿产品价格逐年急速攀升，给我国经济增加了不小的压力。

按照经济发展规律，在工业化进程中，国内生产总值（GDP）与资源消耗成正比，工业化后期，资源消耗会变得缓慢甚至下降。已完成工业化的国家对矿产资源的需求虽然已经减少，但是这些全国人口目前不足世界人口 15% 的发达国家，仍然消耗着全球一半以上的矿产资源，所以即使是我国进入后工业化时期，矿产资源供应问题仍不乐观。同时，已完成工业化的发达国家近年将战略重点聚焦于新兴产业，开始推行"再工业化"，矿产资源争夺的重点也随之从大宗矿产转向战略性矿产资源，关键矿产资源和战略性矿产资源的必要性更加突显。发达国家纷纷通过法案和战略性矿产资源储备规划，保障关键和战略性矿产资源的储备与安全；2021年，在以美国、加拿大和拉丁美洲等发达经济体为主要推动力的带动下，全球矿产资源勘探支出增长30%，这有助于为其新兴产业的发展提供充足的资源保障。面对这一全球战略性矿产资源竞争加剧的局面，矿产资源在相当长一段时间内将严重短缺，对外依存度居高不下，我国矿产资源供需形势将进一步失衡，对国家经济发展和国防安全都将构成威胁。

三、矿产资源环境保护策略

（一）坚持可持续发展

矿产资源作为我国经济发展的基础，在开发的过程中必须进行合理的规划，只有制定合理的开采计划，才能保证矿产资源在满足经济发展的同时还能为后世的发展留下空间。在制定矿产资源规划的过程中，首先需要对社会生产所需要的资源数量进行调研，制定符合经济发展状况的矿产资源开采计划。在制定开采规划时，应该转变生产方式，由粗放型的生产方式向集约化的生产方式转变。在开采方案设计时，首先从环境方面考虑，在生产的过程中要和保护环境同步，尽量减少开采对环境的影响。已经出现破坏和污染的部分，应该在开采之前就做好预处理的方案，以便出现污染和破坏问题能及时地解决。实现经济发展的同时还关注环境保护，实现人和自然的和谐共生。

（二）优化矿产资源勘查技术

1. 地质与矿物勘查技术

在开展地质矿产资源勘查的过程中，必须依靠矿产资源勘查技术，而采用先进的矿产勘查技术，不仅可以减少对环境的损害，而且可以提高开采质量。利用先进的勘查技术，可以挖掘出更多的矿藏，减少对生态环境的破坏。因此，相关工作人员可以通过地质勘查填图技术进行工作，哪怕是在偏远的山区，也能恢复被破坏的土地。如今，利用GPS（全球定位系统）、RS（遥感）等先进技术进行地质矿产资源勘查，不仅可以获得资源、环境、地质等信息，而且可以科学地落实采矿计划。

2. 闭坑及关闭矿山治理技术

近年来，采矿活动严重影响了周围的生态环境，所以，在开采过程中，必须严格按照国家关于封闭矿井的相关规定，修复周围的生态环境。

3. 废气治理工艺

从矿区的废气治理来看，在地质矿产资源勘查和采矿作业中，都会产生大量的废气，对周围的生态环境造成了污染，并增加了治理的难度，所以必须通过先进的生产设备和先进的生产技术，从源头上降低排放，从而达到治理和保护环境的目的。

（三）提高矿产资源开发利用效率

矿产资源开发给生态环境造成损害的主要原因是矿产资源开发利用的效率不高。从历史发展看，矿产资源开发对生态环境造成的影响，主要体现出"N"型演化趋势。早期我国在矿产资源开发利用上较为简单粗放，主要以大面积大范围开发为主，相应的矿产资源有序合理开发监管机制不完善。众多矿产资源开采单位及企业出于经济效益的考虑，对矿产资源进行无序开发，资源利用率低下，同时对土壤、地下水及空气等带来了不可逆的损伤。随着生态环保意识逐渐由国家扩散传播到地方及居民，有关矿产资源开发与生态环境保护之间的矛盾日益明显。随着生态环保意识理念的增强及矿产资源开发技术的进步，矿产资源开发利用效率得到提升，如此才能从根本上达到矿产资源开发与生态环境保护的协同。

（四）构建与生态环境协调发展的保障体系

为有效开发利用矿产资源，保护生态环境，应积极构建地质矿产勘查和生态环境保护协调发展的保障体系。同时，应摒弃矿山委托管理模式，积极引入先进的合作管理模式。另外，地方政府要为地质矿产勘查单位提供一定的资金支持，对区域地质矿产开发进行统一规划，提高地质矿产资源的利用效率。

第五节　海洋资源的利用与环境保护

海洋资源属于自然资源中的一部分，是广泛存在于海洋中的各种资源，在自然资源的分类划分之外，海洋资源也应包括海洋供人们生产、生活和娱乐的一切空间和设施。海洋资源中最被人们所熟知的是油气资源、煤铁固体矿产、可燃冰等对人类工业发展至关重要的矿产资源，它们是维持人类文明和人类生活水平的重要资源储备，人类对两极海域和广大的深海区还调查得不够，大洋中还有多少海底矿产人们还难以知晓。除了海洋矿产资源，海洋中的生物资源也时刻影响着人类生活，海洋鱼类一直是人类重要的食物供应源，养活了大量的人口，丰富了人类的饮食结构，为各个海洋国家提供了大量的工作岗位，创造了巨大的经济价值。向海洋进军，用海洋资源带动经济发展，提高人类生活水平，无论对中国经济的发展还是世界经济稳定都具有重要意义。

一、海洋资源的利用现状

（一）海洋渔业的发展现状

海洋渔业是中国重要的海洋产业，其鱼类资源既保障了中国的粮食供应，也丰富了中国人的饮食结构，海洋渔业的发展现状牵动着中国无数的就业岗位和相关上下流产业。中国是世界上海洋渔业规模较大的国家之一，中国的海洋渔业以全面的海水养殖业为基础，向全世界出口各类鱼类产品，中国拥有超过 3.2 万海里的海岸线，近 300 万平方千米的海洋国土，并且有许多优良的渔港，这些为中国海洋渔业的发展创造了良好的条件。中国海洋渔业随着中国经济的发展和人民消费水平的提升而发展，在 2020 年，国际经济深受外界环境影响，各个国家的海洋渔业捕捞均受到了严重影响，并且随着海洋渔业转型升级步伐加快，海洋捕捞得到有效控制，海水养殖实现较快发展，特别是深远海大型养殖装备和水产品电子商务的应用，对冲了国际环境对冷链运输的影响，海洋渔业得以稳定发展。海洋渔业全年实现增加值 4 712 亿元，比上年增长 3.1%。由此可以看出中国海洋渔业的发展潜力，如表 2-4 所示。

表 2-4　中国海洋渔业产值增长

年份	2013	2014	2015	2016	2017	2018	2019	2020
增长率 /%	5.5	6.4	2.8	3.8	-3.3	-0.2	4.4	3.1
增加值 / 亿元	3 872	4 293	4 352	4 641	4 676	4 801	4 715	4 712

中国海洋渔业总体呈现增长的趋势，为国家经济发展和海洋空间的有效利用做出了巨大贡献，近两年，在中国政府的努力下，中国的海洋渔港建设进一步完善，海洋养殖产业仍保持着稳定的发展态势。

（二）海洋油气开采业的发展现状

海洋油气开采能保障国家能源供应和持续经济稳定发展，是夯实中国海洋能源安全基础的重要基石，海洋油气开采的发展带来了大量的就业岗位和科技创新，为中国经济发展贡献了重要力量。中国强大的工业生产需求和陆地油气资源的匮乏，对海洋油气资源的开发建设提出了较高的要求，中国自"十一五"期间开始，为海洋油气开采工业发展提供大力支持，发展到现在，在诸多方面已经达到发达海洋国家的水平。从近八年中国海洋油气开采工业产值数据来看，油气开采产业的发展并不稳定，要使其成为维系中国高质量发展的国内支柱海洋产业还任重道远，产值数据如表 2-5 所示。

表 2-5 海洋油气开采业产值增长

年份	2013	2014	2015	2016	2017	2018	2019	2020
增长率 /%	0.1	5.9	-2.0	-7.3	-2.1	3.3	4.7	7.2
增加值 / 亿元	1 648	1 530	939	869	1 126	1 477	1 541	1 494

中国海洋油气开采正面临新的发展机遇，在全国以及各省的文件中多涉及支持海洋油气开采和海洋矿业发展的政策文件，中国逐步推进"一带一路"倡议和加入《区域全面经济伙伴关系协定》，这势必会带来更多的国际合作，为中国油气和矿产资源的开发带来明朗的投资前景。

（三）海洋工程建筑业的发展现状

海洋工程建筑业是重要的基础建设产业，是多数海洋资源产业发展的基础，海洋工程建筑业的发展现状在一定程度上决定了海洋经济发展的上限。海洋工程建筑业是指在海上、海底和海岸进行的工程施工及准备活动，包括海港建设、海上电站建设、海底隧道建设、填海造陆、海上油气田开采等诸多建设工程。海洋工程建筑业既是一个独立的海洋产业，也与其他海洋产业有着密不可分的联系，如海洋渔业需要渔场和工程礁等工程建筑、海洋油气资源开采需要海上开采平台、船舶建设需要船坞等。在海洋产业创造各种价值的诸多环节，海洋工程建筑业都有举足轻重的地位，产值数据如表 2-6 所示。

表 2-6 中国海洋工程建筑业产值增长

年份	2013	2014	2015	2016	2017	2018	2019	2020
增长率 /%	9.4	9.5	15.4	5.8	0.9	-3.8	4.5	1.5
增加值 / 亿元	1 680	2 103	2 092	2 172	1 841	1 905	1 732	1 190

从中国近几年的海洋工程建筑业的产值增长来看，海洋工程建筑业在总体快速发展的同时，也遇到了不少问题，在 2013—2015 年间保持着 10% 左右的增长率，

但在 2016 年以后，增长较慢，发展起伏较大。中国海洋工程建设在近几年的增长放缓应与"十三五"规划有关，在此期间政府将发展海洋经济、拓展蓝色空间的规划要求纳入区域发展的战略中来，从中国未来经济发展形势的全局出发，对海洋经济发展提出了更高的产业技术要求，即要推进海洋产业结构优化，摆脱高污染、高耗能的传统发展方式，推进可持续发展。海洋工程建筑业正处于产业结构转型的阵痛期，发展有起伏也在常理之中，其发展前景还是非常明朗的。

（四）滨海旅游业的发展现状

滨海旅游业是海洋产业的重要组成部分，已经成为推进海洋经济发展的最重要的力量，滨海旅游业的发展现状实际上就是海洋经济发展前景的最直观体现，同时也显示着中国政府对海洋空间资源的开发管理的重视程度和利用海洋空间资源创造经济价值的能力。中国是一个海洋大国，拥有丰富的海洋空间旅游资源，中国拥有 1.8 万千米的大陆海岸线，以及 1.4 万多千米的岛屿海岸线，同时跨越三个气候带，这为中国的滨海旅游业发展奠定了坚实的基础，《中国海洋 21 世纪议程》和《全国海洋经济发展规划纲要》均把"滨海旅游"列为支柱性海洋产业给予重点发展支持。

从近十年中国滨海旅游业的产值来看，几乎每年都保持了高速的发展，创造了大量的经济效益，已经占据中国海洋产业总值的半壁江山，如表 2-7 所示。

表 2-7　中国滨海旅游业产值增长

年份	2013	2014	2015	2016	2017	2018	2019	2020
增长率 /%	11.7	12.1	11.4	9.9	16.5	8.3	9.3	−24.5
增加值 / 亿元	7 851	8 882	10 872	12 047	14 636	16 078	18 086	13 924

中国政府正加大对滨海旅游业的政策支持，大多数沿海省份将滨海旅游业作为经济先导产业，并且在发扬传统海洋旅游项目的同时，还开展了如海上冲浪、海钓、游轮旅行等新兴项目，各个地方政府也积极推动滨海旅游业的进一步壮大，着力增强滨海旅游业产品的多样性、娱乐性和参与性，对当地经济、社会、环境产生了积极影响。推动海滨旅游业发展有重要意义，在自身发展的同时，也带动着其他海洋产业的发展，它也是渔民转业的重要方向，积极推动着海洋生态环境保护事业的进行。在上述优点之外，中国的海滨旅游业也存在着低效率、重复建设、旅游开发房地产化等问题，而且，中国国内对滨海旅游的产业研究较少，不利于其进一步发展。总的来说，中国的海滨旅游业整体向好。

二、海洋资源环境保护现状

（一）海洋环境管理部门缺乏有效合作

1. 相关管理部门缺乏协调

机构改革之前，海洋环境的监督管理职能分散于海洋、环境保护、水利、城管、农业、交通等多个部门机构中，各部门的海洋环境监督管理工作存在一定的职能交叉，没有运转有效的协调管理机制，陆海统筹的生态环境保护工作思路、举措、标准等体系还没有完全地建立起来。实际上，虽然机构改革后生态环境部门承担了海洋环境保护职能，但由于海洋涉及的行业领域较为宽泛，生态环境部门只能起到协调牵头作用，污染防治各项政策的实施仍需各行业主管部门落实。如自然资源部门负责海洋灾害的监测及应急工作，海事部门负责船舶污染防治工作，农业部门是海水养殖的主管部门，交通厅是港口的主管部门。目前，各单位监测监管及执法资源尚不能有效协调统一，海洋生态环境监测、监管一体化智慧平台还没有有效建立起来。

2. 污染防治合力尚未形成

港口污染防治工作涉及生态环境、港口、海事、渔业、住房和城乡建设、城市管理等较多部门，一些部门职能还存在交叉，各部门之间也未形成有效的联动和沟通机制，难以形成污染防治的合力。如船舶污染物接收处置监管机制，海事局、港航局、生态环境局等多个政府部门分工协作，分别对商船、港口码头企业、船舶污染物接收单位、污染物回收处理单位等相关企业单位进行监督管理。其中，船舶污染物接收单位在港航部门进行备案，船舶污染物接收单位日常的接收作业由海事部门进行监管，船舶污染物中涉及危险废物的转运和处置在生态环境局的监管下由具有危废处理资质的单位进行统一处理，多部门管理不可避免地存在职能交叉和模糊的情况，这种交叉如果处理不当，就可能出现职能重叠或管理上的真空，成为互相扯皮、互相推诿的消极因素。一方面，海事部门通过"船舶污染物的接收和处理情况备案"来管理接收单位，但无法跟踪污染物的最终去向；另一方面，生态环境部门管理危险废物的产生、转移、运输和最终处置，但是对船舶污染物中的危废转移处置并未完全掌握，监管衔接间的漏洞可能会造成船舶污染物偷排行为的发生。

（二）海洋环境保护意识仍有待提升

1.海洋生态环境保护重视程度不够

海洋生态文明是生态文明建设的重要组成部分，而海洋生态环境保护是推动生态文明建设的至关重要的举措。党的十八大以来，虽然我国的海洋生态环境保护工作被提升到了一个全新的高度，特别是 2019 年以后，海洋生态环境保护职责从原来的国土海洋部门划转至生态环境主管部门，开创了新的海洋生态环境保护管理格局，但是海洋生态环境保护在沿海各地受到的重视程度不同，除沿海区域外的其他地区对海洋环境保护很难有直接的概念，而海洋环境污染对大部分地区人们的生活没有直接的影响，导致了海洋环境保护部门在生态环境体系中的边缘化地位。为充分提升海洋生态环境保护和治理水平，亟需进一步完善各项政策制度。目前，国家层面正在抓紧修订《中华人民共和国海洋环境保护法》，作为海洋生态环境保护方面的根本性大法，其修订必将融入海洋生态环境保护的最新理念要求。确认机构改革成果，衔接相关法律，进一步提升全国海洋生态环境保护工作。

2.海洋环境保护意识不足

环境保护意识是海洋生态环境保护的非常重要的内容。长期以来，我国的发展思路都是以经济建设为中心，而海洋的管理工作因不会直接影响大部分人群的生产生活而长时间处于没有经济发展的形势，不管是在行政主管部门还是在社会公众的意识中，都不够重视海洋生态环境保护工作。同时，过度地追求 GDP 成为当地政府制定政策的源动力，而海洋生态环境保护工作往往得不到应有的重视，所以相应行政管理部门以及海洋生态环境保护的团体组织的影响力也是微乎其微。这种情况虽有所改善，但是长期的弊病并不是一时就可以得到迅速缓解的。

在社会经济发展过程中，大力修建水库、发展池塘养殖等活动导致入海生态水量的短缺，致使本来的天然湿地因缺少水源补给而退化，同时入海河流中上游地区地表水的拦蓄、截留水利设施的增加，导致河流径流补给量不断减少，河流水生态无法保持稳定。部分河流只有在汛期才有部分径流，其余时间基本处于干枯或者断流的状态，涉及的相关湿地不能保持水量，湿地萎缩退化严重。

海洋渔业经过不断地发展，海洋捕捞的强度越来越大，而渔业资源的繁衍再生能力并不能与渔民捕捞的强度相匹配，而渔民为了获得更多的经济利益，极有可能使用"绝户网"等渔具，将海洋渔业资源甚至是鱼苗一网打尽，使渔业资源受到毁灭性的打击。

（三）海洋环境保护法律体系存在问题

1. 法律规范关于执法主体的规定不一致

明确、统一的法定执法主体是依法执法的内在要求，在海上执法队伍整合的大背景下，出现了法律规范关于执法主体的规定不一致的情况。《中华人民共和国海警法》第二条规定："人民武装警察部队海警部队即海警机构，统一履行海上维权执法职责。"该条规定使海警机构成为海上维权执法的主体力量，但是诸多现行的海洋环境保护法律规范是在海警法出台前制定或修改的，出现了法定执法主体不一致的情况。如海洋环境保护主体法律《中华人民共和国海洋环境保护法》第五条规定，海洋环境保护主管部门包括国务院环境保护行政主管部门、国家海洋行政主管部门、国家海事行政主管部门、国家渔业行政主管部门、军队环境保护部门以及沿海县级以上地方人民政府行使海洋环境监督管理权的部门，这种不一致的规定不利于维护海洋环境保护法律体系的整体性、系统性。

2. 缺少程序性法律规范

通常来讲，程序法是保障法律关系主体的权利义务的实现或保证职权和职责得以履行，以追求程序正义为主要内容的法律规范的总称。目前，海上环境保护执法程序法主要包括《中华人民共和国行政处罚法》《中华人民共和国海警法》《海洋行政处罚实施办法》以及其他相关法律规范，整体上呈现分散、缺乏针对性和可操作性的特点，缺少一部专门规范海洋行政执法程序的法律规范，导致海上执法力量在执法实践中主观随意性较大，不利于海上执法规范化建设。

三、海洋资源环境保护的策略

（一）全面提升海洋生态环境保护意识

生态环境保护意识的提高对于海洋生态环境保护工作有着强力的推动作用，具备良好的海洋生态环境保护工作宣传贯彻体系，从上到下形成良好的环保氛围，这对于社会经济的可持续健康发展具有一定的积极意义，甚至能够减少行政工作量。

1. 加大媒体宣传力度

媒体宣传可以作为提升社会公众海洋生态环境保护意识的最有效手段。通过媒体宣传、公益广告等，社会公众能充分了解保护海洋生态环境的重大意义和海洋生态环境受到破坏的严重影响，进而增强海洋环境保护意识，形成保护海洋生态环境就是保护我们自己和子孙后代的意识，这对海洋生态环境保护工作有非常重要的现实意义。相关部门可以运用电视、微信、微博、广播等多种形式加强海洋生态环境保护宣传，甚至可以在滨海旅游区通过组织发放传单、扩音广播等多种形式开展。

2. 实施环境保护教育

一是制定相关方案，从娃娃抓起做好教育工作，学校特别是沿海地区的学校应注重海洋生态环境保护宣传教育和海洋突发应急事件应对教育，提升学生的环境保护意识，带动学生监护人履行海洋生态环境保护职责。大学可以适当组织开展学生实践活动，以志愿服务等形式开展岸滩清洁等公益行为。

二是涉海相关部门工作人员提升自身业务素养，坚持从我做起，从自身做起，言传身教带动身边人提升环保意识、提升自身本领，确保在任何状况下都能迅速及时地处理海洋生态环境保护相关事件。

3. 开展社会公益活动

加强海洋环境保护宣传教育也要注意社会团体、组织的积极作用，对它们做出的公益活动积极地予以肯定并做出回应，大大宣传充分发挥其对社会的积极作用，鼓励社会公共领域如社会团体、公益组织甚至私人管理机构的各种自发性、约束性海洋生态环境保护活动。在政府部门间协同推进海洋生态环境保护的同时，吸引社会公益组织加入进来，协同做好海洋生态环境保护工作，形成政府、企业、公众齐抓共管、共同推进海洋生态环境保护工作的合力。

（二）加强海洋环境保护中的跨部门协作

1. 协作主体结构性整合

海洋环境保护中的跨部门协作实质上是对各部门进行整合，实现整体性统一，其关键是破解部门组织各自为政的问题，为实现跨部门有效协作进行结构性设置。

①仿照西方取得良好效果的管理方法，建立多层次的协作组织，而这种机构往往需要跨越多个机关，由多个机关直接介入其中，拥有较高权限。如由公安部、外交部、农业农村部和国家海洋局组成中央海洋权利委员会，又称中央海权办。2013 年国家机构改革后，成立了国家海洋委员会。在实践中仍有很多的困难，由于海洋委员会是一个协调机构，没有相应的法律约束力，在海洋环境保护方面难以真正意义上执行海洋综合协调工作，多年来，其地位一直被虚化。2018 年，中华人民共和国武装警察部队接手了国家海洋局领导的海警队伍，中国海警局从

此脱离行政单位，由部队统一指挥，中央层面上达到了整体性的效果。在地方上，构建跨军地涉海部门海洋协调机构，建立地区性的协调方案，整合战略资源。这种跨军地、跨部门的协调机构，不仅打破了行政区划的壁垒，还可以采取现场督办、集中办公的方式。但就目前来说，集中办公，现场督办，信息沟通上还存在着很大的进步空间，中国海警局转隶武警后，海洋委员会的协调效果还有待考证。

②部门合并重组。部门合并重组，构建扁平网状层级。除中央设立高层次的协调机构外，其他涉海部门及地方海洋环境治理组织也应该合并重组。不仅要建立权力集中的等级式的组织形态，还要借助协商、协作等组织形态，虚化部门界限，由原来的临时性、突击性、分段式的治理形态向扁平化网络状的层级转变。部门合并重组后，协调机构协调半径加长，提高了信息的传播速度。可采取试点，以整体性协作治理的理念进行部门机构间的扁平化改革，向上接受国家海洋政策的指导，向下实现中央战略意图。

③参与式的部门结构。协作整体性治理要求参与式的治理逻辑。树立积极的参与理念，鼓励、激励参与部门，在治理方式、治理成效、治理监督等方面提供无缝隙的公共服务，同时也可以规避垄断，减少矛盾，改善相互推诿的现象，保证各部门的公平参与性。

④权力重组。结构性重组并非整合结构的表象，其实质是权力的重组。要想实现真正意义上的整合，权力的重新组合必不可少。如果结构性整合只是表面化的合并，其各部门依然奉行"单中心"主义，出现整合前的矛盾在所难免。

2. 协作行为程序性整合

跨部门间的协作机制应包括：程序性和结构性协作机制。

（1）跨部门协作制度化

在法律层面上赋予跨部门协作的合法地位，在制度完善和规范层面促进跨部门协作的开展，对范围、内容、方式方法进行清晰界定，并通过立法的方式使其合法化，实现部门间的"有机协作"而非"机械合作"。

（2）协作信息交流共享机制

信息化的进展将使地方政府的组织架构、管理制度和技术进一步地改革，同时信息资源共享也可以减少信息壁垒，从而减少或甚至避免"信息孤岛"现象的发生。建立长期有效的信息共享机制，需要具有制度化、系统化的信息交流平台，制定信息共享等级权限，确保协作部门真实有效地沟通。

（3）协作性绩效评估科学化

绩效评估以部门利益为主，而"协作"指标并未纳入绩效考核评估体系。因此，在部门的联动中，往往将理性地维护本部门利益作为首要选择。所以，要建立以结果为导向的价值取向，把协作目标和成效作为考核的重要指标，并列入绩效评估体系。

3. 协作文化价值性整合

汤姆·克里斯滕森[①]认为，文化和价值的融合是协作性的关键。他的理论在美国的初期实践中得到了很好的印证，在海洋环境跨部门协作治理过程中，部门之间的协作更重要的是超越经验与心理的鸿沟，实现价值的整合。价值的整合是对部门文化再造的过程。部门的文化背景直接影响着每一个个体的行为，每个个体的行为受部门文化背景的客观制约，如果将各涉海部门的不同文化进行一个有效的链接、融合，形成一个具有行为一致性的行为系统，这样必然会在最大程度上激发各部门的内在活力，更好地完成跨部门协作的任务，实现协作的高效运行。文化再造是一种信任再造的过程，对于不能吸收的或者有冲突的文化，可以在信任这一润滑剂的作用下，通过渐进融合、慢慢贯通的方式缓解。信任度越高，协作的基础就越牢固，成效就越出色。反之，如果信任不足，就会使矛盾或冲突在缓解期间不断地加深，造成协作效率低下，流于形式，难以完成预期的治理目标。

（三）加大海洋环境保护资金投入和人才建设

沿海的各级政府在实际的工作开展中，需要把海洋环境保护作为主要的工作内容，并列入国民经济社会发展的规划之中。同时，海洋环境保护的资金也需要纳入政府财政保障的范围中，专款专用，加强政府和社会资本的合作。通过经营许可证以及服务购买等方式，鼓励越来越多的社会投资以多渠道、多层次、多方位资金拓展的方法，为我国海洋环境保护带来更多的资金支持。除此之外，还需要加大人才的培养力度，对基层海洋环境保护相关专业技术人员进行培训，使海洋保护这项工作的开展变得更加高效。要引进智慧工程，保障人才在参与工作的过程中其能力能够得到充分发挥，为海洋环境保护工作提供保障和支持。

① 马亮，汤姆·克里斯滕森，黎宇.中国中央政府机构改革：历史与意涵[J].国际行政科学评论（中文版），2020，86（01）：87-106.

第三章 生态环境保护中的大气监测

近年来，高质量发展已经成为我国全面建设社会主义现代化国家的首要任务。大力推进生态文明建设，使我们的天更蓝、山更绿、水更清已成为大家的共识。大气污染治理在生态环境保护中具有举足轻重的地位，近年来，大气污染防治攻坚战不断向纵深推进，因而提升空气质量，转变产业发展方式迫在眉睫。开展精准有效的大气监测对于大气污染的科学治理具有积极的意义。本章分为大气监测的产生与发展、大气监测的目的与分类、大气监测的应用与布点三个部分。

第一节 大气监测的产生与发展

一、大气监测的产生

大气监测是大气环境科学的一个重要分支。大气监测是间断地或连续地测定大气环境中污染物的种类、浓度，观察分析其变化及其对大气环境影响的过程。

人类从产生之时起，便开始了对地球大气环境的利用。人类在漫长的进化和生存过程中，参与了地球大气环境的能量流动和物质循环，同时不断改变着地球大气环境。然而，地球大气环境仍以其固有规律运动着，不断地反作用于人类，由此而产生了一系列各种各样的大气环境问题。

早期的大气环境问题应当说主要是大气环境污染。大气环境污染是指主要由人类活动引起的大气环境质量下降且有害于人类（及其他生物）正常生存和发展的现象。人们对大气环境污染的注意可以追溯到古代。产业革命后，机器广泛使用，工业生产迅速发展，人类排放的废弃物大量增加，造成大气环境污染。20世纪70年代以前，世界八大公害事件中，就有五大公害事件为大气污染事件，这些事件造成了成千上万人发病或死亡。随着工业的高速发展，大气污染造成的灾害更加严重，在很多地区屡屡发生，如美国、日本、德国、加拿大、澳大利亚、荷兰等国发生的光化学烟雾事件。近年来，中国频繁的沙尘暴对大气环境也造成了严重影响。灾难性的大气环境污染，终于使人们觉醒。面对大气环境质量的日趋下降，人类对大气环境质量的关注程度逐步提高，大气监测应运而生。

二、大气监测的发展

大气环境是人类赖以生存和发展的重要条件。然而，随着社会经济的发展和城镇化进程的加快，大气污染逐渐凸显。大量产生的二氧化硫（SO_2）、二氧化氮（NO_2）、臭氧（O_3）等有害气体、细颗粒物（PM2.5）、可吸入颗粒物（PM10）等大气污染物给大气环境带来了不同程度的破坏，致使酸雨、雾霾等现象频繁产生，严重影响了社会经济发展，甚至一些大气污染物还会威胁人们的生命安全。为了减少大气污染和保护大气环境，大气监测已然成了国内外关注的焦点。

在 20 世纪 70 年代，从我国颁布的第一部环境保护法规起，全国各地便迅速地开展大气监测工作；其中，沈阳、北京、广州等一大批城市率先建立了环境监测站，标志着我国大气监测事业的萌芽。自此开始，全国各地纷纷投入建设不同级别的环境监测网。截至当前，我国已经基本建成国家、省、市和县等四级监测网络体系，覆盖了空气、水、土壤、生态等多个监测领域。相比国内而言，欧美等发达国家较早地针对大气污染问题开展了环境保护研究与监测网的建立，如 20 世纪 70 年代，美国建设了监测站点数量多达 3 000 的环境空气质量监测网。地面环境监测站作为地面环境监测的主要且传统的方法，可以实现二氧化硫（SO_2）、二氧化氮（NO_2）、臭氧（O_3）等有害气体以及颗粒物（如 PM2.5）等大气污染物的实时监测，然而地面监测站数量一般较少，难以实现区域尺度的大气污染物分布状况的监测，这迫使大气环境急需空间上的大范围连续观测。

卫星遥感技术的快速发展，给大气监测带来了有效手段。卫星遥感作为遥感技术领域的重要方向之一，具有监测范围广、时空分辨率较高、成本较低等优点，可以在一定程度上弥补传统的地面监测站难以实现大范围空间尺度的连续观测的不足，因此卫星遥感技术正逐渐被应用于大气监测领域。针对大气环境的遥感监测，目前主要根据细颗粒物（如 PM2.5）、气溶胶光学厚度（Aerosol Optical Depth，AOD）、气态有害物（如 SO_2、NO_2 等）以及焚烧火点等大气监测要素的光谱特性，采用卫星遥感影像实现大气监测要素的反演或识别，从而实现利用卫星遥感动态监测大气环境。由于卫星遥感技术拥有众多的优点，国外已经研制出了许多卫星传感器，如 AVHRR（Advanced Very High Resolution Radiometer，甚高分辨率扫描辐射计）、MODIS（Moderate-resolution Imaging Spectroradiometer，中分辨率成像光谱仪）、OMI（Ozone Monitoring

Instrument，臭氧监测仪）、VIIRS（Visible Infrared Imaging Radiometer，可见光红外成像辐射仪）、Landsat 系列卫星传感器等，为大气监测提供了广泛、多源的遥感影像数据。基于卫星遥感影像数据，国内的许多学者进行了大气监测方面的研究。相比欧美发达国家，我国卫星遥感技术起步较迟但发展迅捷，目前已经发射了环境（HJ）系列、高分（GF）系列等卫星，为我国的环境监测提供了重要数据支撑。众多研究表明：卫星遥感技术可为大气监测提供丰富的遥感影像数据，正逐渐应用到大气环境监测研究方面且取得了不少的研究成果，为利用卫星遥感技术进行大气监测、治理和保护提供了支持。

伴随大气监测技术的发展，大气监测系统正如雨后春笋般不断涌现。依托环境、高分等系列卫星，我国环保部门建设了大气监测应用平台，实现了秸秆焚烧、灰霾、水质等的遥感监测，为我国环境监测、治理和保护提供了重要支撑。此外，许多研究人员也纷纷投入大气监测系统的研究。有学者以卫星遥感和地面环境监测技术为基石，研究了监测气溶胶光学厚度、PM2.5 浓度、秸秆焚烧火点等内容的大气环境信息可视化系统；有学者以卫星遥感和地理信息系统等技术为依托，搭建了上海世博会秸秆焚烧预警系统，实现了秸秆焚烧的火点监测；还有学者以地理信息系统技术为基础，实现了基于 MODIS 遥感影像的 PM10 监测系统；更有学者以卫星遥感、地面环境监测等方式为依托，研究了城市空气污染决策支持系统。近年来，随着 Web（互联网）、GIS（地理信息系统）、云计算等技术的发展，这些技术被逐渐地应用到大气监测系统研究方面。此外，随着物联网、传感器等技术的发展，大气环境监测数据的采集也变得越来越便捷，一些研究人员也基于这些技术研究了大气监测系统。

第二节　大气监测的目的与分类

一、大气监测的目的

由于情况和要求的不同，大气监测的具体目的也不完全一样，总体可归纳为以下几个方面。

第一，根据环境质量标准评价环境质量，判断大气质量是否符合国家制订的大气质量标准。

第二，评价大气质量，为研究大气扩散模式和大气环境质量变化趋势以及污染物浓度的预测预报提供科学依据，包括：①提供大气质量现状数据，判断是否符合国家制定的大气质量标准；②根据污染物的分布、发展势头，追踪污染路线，寻找污染源；③评价污染治理的实际效果。

第三，为制定大气环境法规、大气环境污染综合防治对策提供科学依据，包括：①确定污染源所造成的污染影响，它在时间和空间上的分布规律及其发展、迁移和转化情况，建立污染物空间分布模型；②为大气环境质量评价提供准确数据；③研究污染扩散模式和规律，为预测预报大气环境质量、控制大气环境污染和大气环境治理提供依据。

第四，收集大气环境本底值及其变化趋势的数据，积累长期监测资料，如结合流行性疾病的调查等，为保护人类健康和合理使用自然资源，制定、修订环境标准、环境法律和法规，以及为确切掌握大气环境容量，实施总量控制、目标管理，为大气质量标准的制订或修改提供科学依据。

第五，评价治理措施的效果，为实现监督管理、控制污染提供科学依据。

第六，揭示新的大气环境问题，确定新的污染因素，为大气环境科学研究提供方向。

二、大气监测的分类

大气监测的分类方法不止一种，可按目的、对象、污染物性质等进行分类。按监测目的可分为以下四种。

第一，监视性监测。监测大气环境中已知有害污染物的变化趋势，评价控制措施的效果，判断大气环境标准实施的情况和改善大气环境取得的进展，建立各种监测网，累积监测数据，确定大气环境污染状况及发展趋势。

第二，特定目的监测。包括事故性监测、仲裁监测、考核验证监测和咨询服务监测。

第三，背景值监测（又称本底值监测）。本底值是指大气环境要素在未受污染影响的情况下，其化学元素的正常含量以及大气环境中能量分布的正常值。大气环境背景值的测定和研究，能为大气环境质量的评价和预测，污染物在大气环境中迁移转化规律的研究和大气环境标准的制定等提供依据。

第四，研究性监测。研究确定污染物从污染源到受体的运动过程，鉴定大气环境中需要注意的污染物。如果监测数据表明存在大气环境污染问题，则必须确定污染物对人、生物和其他物体的影响。按污染物的性质不同分为化学毒物监测、卫生（包括病原体、病毒、寄生虫、霉菌毒素等的污染）监测、大气中放射性污染监测等。

第三节　大气监测的应用与布点

一、大气监测的应用

（一）移动排污源监测方面的应用

近些年来，随着国家对工业污染整治力度的不断提升，大多数工业企业在进行污染物排放的过程中都会进行无害化处理。而除了工业污染随意排放所带来的环境污染之外，人们在生活中也会排放大量的未经无害化处理的污染物，尽管个人产生的污染物较小，但我国人口众多，这在很大程度上影响了大气环境，因此便产生了移动排污监测。在利用移动排污监测之前，相关工作人员首先要确定需要监测的区域和目标，然后在该区域或目标中选择可能会成为移动污染源的物质，并结合移动污染源的具体情况采取不同的设备进行跟踪监测，通过最终监测的数据为后续治理提供数据指导。

（二）对比监测方面的应用

环境污染是受多方面因素影响的，无论是污染物的种类、含量还是数据的情况，都是监测工作所涉及的内容。合理使用监测数据能提高污染控制力，可以完善大气环境污染治理方案。监测时，可以从几个方面着手来做更深入的分析，相关的大气监测部门要发挥主观能动性，保障监测的准确性。工作人员需要对监测到的各种污染物进行深入分析，将不同阶段监测到的数据进行对比，根据对比情况做出更优质的选择。对比监测还能够判断大气污染防治工作是否符合预期，并为后续治理方案的制定指明方向。监测的过程中还要注意核对生产率、排水量等一系列数据并做更深入的对比分析，确认是否有污水超标的问题，如果发现违规情况，需要及时关闭相关的设备和企业。一旦监测到污染物超标，需要立即与排污单位联系，根据污染物情况给出相应的整改方案，同时也要调整监测内容，让监测更具针对性。对比监测形式的运用可以为大气环境治理、优化监测系统提供数据对比分析服务，进而提升大气质量。

（三）验收监测方面的应用

从长远来看，环境污染问题密切关系着人类的可持续发展，而从短期来看，环境污染问题也密切关系着企业的发展，所以企业也需要对生态环境问题加以重视，只有良好的环境才能给人类提供更加舒适的生活环境，企业也才会更加顺畅地发展。而验收监测就是对企业进行检测，通过监测结果确定企业是否重视环境问题。因此，企业不管是在生产还是在扩张的过程中，都需要严格落实污染排放和治理方面的措施。为了提升大气监测的质量，企业也可以聘请专业人员定期检查企业的排污情况，并结合最终的排污报告来制定相应的排污处理措施，进而从源头上减少环境污染问题。

二、大气监测的布点

（一）大气监测布点的原则

1. 代表性原则

现状监测工作的开展应当遵循代表性原则。即环境空气质量现状监测点位的布设，应当确保所选择的点位可以对监测范围内的空气质量现状进行真实、客观的反映。所获取的数据，能够在监测工作结束后，在对该区域未来环境空气质量的发展情况进行估计中发挥相应的作用，使工作人员准确地预测未来一段时间内该区域空气质量的发展趋势。

2. 典型性原则

在设置大气监测点位的过程中，要遵循典型性原则，如有的环境地点具有特定空间，就要设置比较集中的采样点，以便准确把握其特征和变化规律。一般情况下，为了有助于更加直观地对该区域进行精确监测，如果季风是下风向的情况，属于典型的区域，需要集中设置更多的检测点位，反之是上风向地域，可以少量分散布置一些。

3. 层级性原则

层级性原则就是依据大气自然环境污染程度各不相同的特点，进行分层级监测。例如，污染程度有高级层级、中级层级和低级层级等不同，根据以上污染程度的层级差异化，进而确定与其合适的不同程度的检测地域，这样才能保证检测点位布局的科学性和有效性。

4. 科学性原则

大气监测工作的开展应当遵循科学性原则。即在布点过程中，需要对监测区域的空气质量现状和被污染程度进行分析，并以此为基础确定监测布点的高度。例如，某一区域的空气污染现象非常严重，空气中的污染物会对人们的身体健康产生较大的影响。在这一区域进行监测布点的时候，就可以将布点高度确定在 1 ～ 2 m。如果该区域空气中的污染物会对植物的生长发育产生严重的影响，那么就可以根据植物叶面的中心部位高度确定布点的定位高度。

（二）大气监测布点的方法

根据污染地区的污染源分布及污染程度选择不同的布点方法，但是不管是哪种方法布点一定要包含监控的全部区域。例如，对于主导风向明显的地区，监测点位应该布设于污染源下的风向上。另外，为了提高数据的科学性和可比性，必须对采样点设定相适应的高度和监测标准，以便最大限度地保持所有采样点都有相同的外部环境。

1. 扇形弧线布点法

扇形弧线布点法，具体指的就是在污染源的所在位置的不同距离的弧线上布设点位，确保弧线在同一个扇形区域内，将污染源点作为定点，将主导防线作为轴线，并在污染源的下风向位置布置扇形区。一般情况下，扇形角度为45°，在某些特殊的情况下，也可以适当增加角度大小，但最多不可超过90°，每一条弧线上需设置3 ～ 4个采样点，相邻采样点之间的夹角角度应在10° ～ 20°。该方法通常应用于孤立的高架点源所在的区域的监测中，而且在采用该方法时，也要求污染源必须具有主导风向，只有这样才能够保证监测结果的准确性。但该方法不适合应用于污染范围比较大的地区。

2. 同心圆布点法

①在了解大气分布和污染情况后，为避免出现污染过于集中的现象。在确定圆心时，把污染区的中心位置当作基点，增加相应的射线条件，以大小不同的圆圈向周围持续扩展，向外释放放射线，在放射线和同心圆的交点处设置采样点，通过布置测试点的方法，增强测试工作的稳定性。在采点工作进行中，需要完成风向和风速测试，确保测量数据的准确性，增强测试方法应用的合理性。对于污染较为严重的地区而言，需要预防出现污染扩散问题，准确完成定位，为后期的治理工作创造便捷空间。

②监测点位的高度直接关系实际监测结果的准确性，应合理设置监测点位的高度，设置监测点位时，合理确定污染源参照物，监测点位的高度需要和污染源高度保持一定距离，不可随意移动。合理确定研究对象参照物，因为研究对象不同，大气环境监测需要的高度也不相同。

3. 功能区布点法

功能区布点法是大气监测的常规布点方法。功能区布点法根据监测区域内的功能区进行划分，将监测区域内的商业区、居民区、工业区等进行分割，而后根据人力、物力资源条件以及环境污染情况进行监测点布置。功能区布点法是一种简单且高效的布点方式，当监测区域内功能区相对明确，且功能区内污染分布相对均匀时，可考虑应用功能区布点法。

在实际应用中为了保证布点的科学性与可靠性，监测人员还需要尽可能细化功能区分类，对商业、居民与工业区域中的内容进行细化，加入文化区、交通区、公共休闲区等更加详细的功能区域划分，为后续分析大气污染状况奠定良好基础。在功能区内进行大气监测布点，需要明确采样点位置、数目等信息，功能区布点能否达到良好的监测目的，需要结合环境污染情况进行实际分析，尽可能地保证功能区监测布点位于大气污染扩散规律的位置上，确保监测数据的有效性。

4. 多目标规划法

多目标规划是数学规划的一个分支，它研究多于一个的目标函数在给定区域上的最优化，又称多目标最优化（Multi-Objective Programming，MOP）。多目标规划的核心是将不可比较的许多目标化成单个目标的最优化问题。求解多目标规划的方法大体上有以下三大类别：化多为少的方法，即把多目标化为比较容易求解的单目标或双目标，如主要目标法、线性加权法、理想点法等；分层序列法，即把目标按其重要性给出一个序列，每次都在前一目标最优解集内求下一个目标最优解，直到求出共同的最优解；层次分析法（AHP），它是一种定性与定量相结合的多目标决策与分析方法，对于目标结构复杂且缺乏必要的数据的情况更为实用。

5. 网格布点法

网络布点法经常应用于污染源分布密集且污染较为均匀的区域，对这些区域进行网络法监测布点，可以有效扩大区域监测的面积，而且还能够保证数据的准确性，使监测出的数据既具有广泛性还具有针对性。在使用网络法进行大气环境监测的过程中，相关工作人员需要将整个检测区域划分为不同的网格，在网格的中心位置或者直线交叉点设置监测点。

具体的监测点设置方式需要相关工作人员结合监测区域的具体情况、网格的面积以及位置等信息决定。

通过网络法可以直观地看出该区域中大气污染的具体分布情况以及浓度，为后续大气污染治理提供准确的数据支持。

6. 聚类分析法

（1）两步聚类法

第一步是准群集过程，即针对大样本群集，将大样本按一定规律分成许多子类。第二步是具体的群集分析，即利用第一步的结果对每个样本再进行群集。

（2）模糊聚类

模糊聚类分析是一种采用模糊数学语言对事物按一定的要求进行描述和分类的数学方法。它根据研究对象的自身属性来建立模糊矩阵，并依靠相应的附属度来确定聚类关系，即用模糊数学的方式确定样本之间的模糊关系量，进而进行准确聚类。聚类是将收集到的数据集分成多个簇，让每个簇之间的数据差别尽量大，而簇内之间的数据差别尽量小，即"最小化类间相似性，最大化类内相似性"原则。

（3）快速聚类法

"统计产品与服务解决方案"软件（SPSS）的快速聚类过程适用于对大样本进行快速聚类，尤其是对形成的类的特征有了一定认识时，此聚类方法使用起来更加得心应手。

（4）聚类分析概述及基本思想

聚类分析是一个把数据对象划分成子集的过程。每个子集是一个簇，使得簇中的对象彼此相似，但是与其他簇中的对象不相似。由聚类分析产生的一个簇的集合叫作一个聚类。由于所研究的指标或变量之间存在程度不同的相似性，于是根据多个观测指标，具体找出一些能够度量指标之间相似程度的统计量，以这些统计量为划分类型的依据。把一些相似程度较大的指标聚合为一类，把另外一些彼此之间相似程度较大的指标又聚合为另一类，直到把所有的指标聚合完毕，满足"类内差异小，类间差异大"，这就是聚类的基本思想。

（三）大气监测布点的优化策略

1. 大气环境监测布点选址的优化策略

（1）避开污染源

污染源是产生污染的主要来源，由于污染物具有一定的流动性，所以在没有外界环境的干扰下，污染物是以污染源为圆点呈放射状向四周扩散的，污染浓度也是由圆点开始向四周逐级递减的。污染源周围的大气污染浓度是非常高的，对此地的大气环境进行监测很难收集到准确的大气环境信息。所以在对大气污染物监测的过程中，相关工作人员一定要避开污染源。而由于大气环境中的污染物并不是固定不变的，所以相关人员在监测的过程中还需要对大气环境的情况进行分析，从而对监测布点的距离进行合理设定，确保远离污染源的同时，也要尽量减少大气环境对监测数据的影响，使监测出来的数据具有较强的指导性和可借鉴性。

（2）精准设置采样高度

在进行大气监测的过程中，要注重控制监测点的高度，合理的监测点高度在选择布点方式中发挥着至关重要的作用。增强监测资料的完整性，提高其真实性、代表性；充分考虑影响因素，通过科学计算，确定实际水平；在确定监测点高度时，应将监测点置于污染源和污染对象之上。在充分控制监测机构与污染源的高差的基础上，分别对不同的数据进行分析，了解设置监测点的合理性和科学性；确定实际高度还应分析研究对象的基本特征、监测高度对环境的影响及监测质量等。因此，在对监测点进行排序时，应考虑到风速、风向，以确保监测点设置合理。

（3）避开障碍物

大气环境监测布点所监测出来的数据准确性受到各种因素的影响，其中障碍物也是影响数据准确性的重要因素之一，由于障碍物会对当地的风向产生影响，所以有障碍物存在的地区也会导致大气流动方向与其他位置不同，这就会影响到监测的结果。因此在进行布点的过程中不能仅依靠数据模型，相关工作人员还需要进行实地勘查工作，确保布点设置能够有效避开周围的障碍物。如果一定要在障碍物附近设置监测点，工作人员就需要结合障碍物周围的风向以及气流的变化情况，决定是否要适当扩大监测范围，从而保证大气监测的准确性。

2. 多目标规划下的监测布点优化

在优化大气监测布点选址之后，要进一步对监测点本身展开优化，即构建目标函数与约束条件，以确保所监测的大气环境数据具有代表性。在多目标规划下将子目标设置为"经济子目标""环境子目标"和"社会子目标"三类，那么监测布点优化的"总目标函数"，就是三个子目标同时满足约束条件，所得到的总目标函数值最大，公式为

$$MaxZ = \sum_{i=1}^{L}\sum_{j=1}^{M} W_j p_i z_{ij} \tag{3.1}$$

式中，Z 代表的就是"总目标函数值"，Z_{ij} 中的 i 表示网格，j 代表该位置（监测点）的第 j 子目标无量纲化后的标准值。

3. 子目标优化策略

利用多目标规划法进行大气环境监测分布点优化，最终的落脚点是"子目标优化"，在城市点中设定的子目标分别为环境子目标、经济子目标和社会子目标。

（1）环境子目标优化

环境子目标的主要指标有三个。其中，大气环境综合损失率所反映的结果，其本质是"污染物对环境质量的损害程度"，可以用来判断一定区域内的环境质量。很显然，大气环境污染中的要素不止一种，对于大气环境治理工作而言，需要抓住"主要矛盾"，即明确哪一种污染物对大气环境的危害程度最大，然后有限治理，以达到优化子目标的目的。假设众多污染物中第 i 种影响最大，其计算方式为

$$R_i = \frac{1}{1 + a_i \exp\left(-b_i \cdot c_i\right)} \qquad （3.2）$$

式中，c_i 表示一组污染物中第 i 种的浓度，a_i 和 b_i 则是待定参数，取决于该污染物的化学及物理特性；受污染影响程度、公众投诉量等可灵活设定的指标体系，越是靠近污染源的位置，对大气环境的影响就越大、分数也就越高。相对应地，公众对某一现象（如空气刺激性、某个方向的污染源等）投诉越多、分值就越高。

（2）经济子目标优化

优化经济子目标的主要手段是以一个城市的人均年收入为参照，判断城市人口对于大气监测投入的态度。许多研究都表明，当人均收入较高的情况下，人们的环保意识相对更强，考虑到自身健康的需求，更愿意支付一定的成本用来改善生态环境。经济子目标的具体优化方式，需要结合城市网格分区的人口平均年收入，通过区分不同城市空间的收入水平，决定在不同空间内设置监测点的数量与位置。

（3）社会子目标优化

优化社会子目标主要依据总人口数和用地类型两个指标。显而易见，"社会效益"关注的是大多数人的公共利益（即"环境权益"），因此监测点选取优化的基本诉求，就是能够最大限度地提高所服务人口的数量，尤其是在一个城市空间内人口聚集的位置，如社区、学校等。在其他条件相同的情况下，有限选择人口稠密地区设置监测点。同时，用地类型也是值得关注的，在全面工业化进程中，几乎每个城市都有工业区、资源区等的存在，"工业用地"区域产生大气环境污染的概率更高，因此在相同条件下，有限地在城市空间中分布工业要素的位置设置监测点。

第四章　城市生态环境保护与大气监测

如今，城市化发展进程不断加快，这对于提升城市现代化水平，并更好地促进现代化城市建设起到了重要作用。城市发展更多地依赖于经济进步，而以经济为主的发展则很容易导致出现忽视生态环境保护的情况，但环境保护对于城市的可持续发展具有重要意义。实时监测大气环境，全面掌握并整合、分析污染源排放情况，对城市的环境治理和经济发展的工作部署都具有重要意义。本章分为城市生态系统概述、城市生态环境现状、城市生态环境保护策略、大气监测对城市生态环境的影响四部分。

第一节　城市生态系统概述

一、城市生态系统的特点

城市作为一个复合的生态系统，具有自身系统独有的特征。

（一）高度人工化

城市生态环境最大的一个特征就是人类的参与和改造。人类在此系统中扮演了多个角色，不仅是城市生态系统能量的生产者，还是主要消费者；既是生态环境的破坏者，又在不断地恢复生态环境；既可以主宰生态环境，又被环境所主宰。总之，城市生态环境要素的最大特征为人类参与。

（二）综合性和整体性

城市生态是一个包括自然、社会和经济三个部分的系统，三个部分相互联系、相互制约，自然环境为社会和经济环境提供物质和能量基础，社会进行再生产将破坏自然环境，促进经济的增加，反之，随着经济的增长，人类会加大对社会和自然环境的掠夺，形成恶性循环。城市生态环境是一个不可分割的系统，具有综合性和整体性，当其中任一部分发生变化时，将会引发其他部分的变化，并随之受到影响。

（三）开放性

城市化水平的不断提高，使得城市生态环境的物质能量流入变得更大、具有很强的开放性。物质、能量从城市生态系统外输入，系统中产生能量和废物再输出到生态系统外，生态系统的容量和承载能力取决于环境因素的容量，也取决于系统输入输出物质能量的流动水平。

（四）自我调节的有限性

城市生态系统在城市化发展进程中，形成了一套系统，具有自我调节性，可以保证在其承载能力允许的情况下维持系统的相对稳定。城市生态系统是以人类为主导的系统，具有较强的人工调节功能，人类可以根据自身对自然环境产生弊端的判断，进行有效的调节。人类通过协调发展人口、资源、环境等方面的关系，促使城市生态系统向健康和谐的方向发展。城市生态系统的自我调节性受环境容量和环境承载力的影响，容量越大，系统将愈稳定。

（五）能量流动效率低

城市生态系统有输入输出，物质能量经由此生态系统产生废物。消耗了大量的物质和能量，但是不能被完全消耗，经由人类排入自然环境。整个过程是能量消耗而后释放的过程，能量使用的效率较低，而且容易超过原来环境的承载能力，造成更大范围的环境污染。相比较于自然生态系统，从植物吸收光能进行光合作用，并通过生物体转变成生物能或者化学能，为消费者所吸收，继而由微生物分解重新回归到循环系统中，被植物再度吸收，实现了物质能量的循环利用，这个系统能使物质能量完全有效利用，是一个高效率的能量流动系统，而城市生态系统与之相比，能量利用率较低。

二、城市生态系统的结构

城市生态系统是地球表层人口集中区，是由城市居民和城市环境系统组成的，具有一定结构和功能的有机整体。中国生态学家马世骏教授曾指出：城市生态系统是一个以人为中心的自然—经济—社会复合人工系统，因此应该是一个以人为中心，包括自然、经济、社会三个子系统的复合生态系统。

城市生态系统的自然、社会、经济三个子系统是相互影响、相互联系、互相制约的，社会生态系统通过生活垃圾造成环境污染影响自然生态系统，经济生态系统也能通过工业废弃物造成环境污染影响自然生态系统，同时自然生态系统又为经济生态系统提供资源，为社会生态系统提供生态需求，经济生态系统为社会生态系统提供经济收入，社会生态系统为经济生态系统提出消费需求。三个子系统在适当的管理与监控下，形成了有序而稳定的生态系统。

三、城市生态系统的功能

（一）生产功能

城市生态系统的生产功能就是利用城市内外提供的物质和能量，生产各种产品的能力，有生物性产品生产和非生物性产品生产两种形式。

城市生态系统中的生物包括人都可以进行生物生产，绿色植物如农田、森林、果园、草地等通过光合作用进行生物的初级生产，但城市是以第二产业、第三产业为主的，所以初级生产所占比例不大，即植物生产不占主导地位。城市生态系统的生物初级物质生产与能量储蓄满足次级生产者（主要是人）的需要，因此，城市生态系统的生物次级生产物质有相当部分是从城市外输入，表现出明显的依赖性。另外，由于城市的生物次级生产主要是人，所以还表现出明显的人调性。最后，城市生态系统的生物次级生产还表现出社会性，即次级生产是在一定的社会规范和法律的制约下进行的。

城市生态系统的非生物生产是人类生态系统特有的生产功能，即创造物质与精神财富满足城市人类的物质消费与精神需求的性质。城市生态系统的物质生产量是巨大的，所消耗的资源与能量也是巨大的，因此很大一部分是来自外部区域，当然其产品也有很大部分输入城市以外。

（二）生活功能

城市不但提供物质和能量满足人类的生理需要，还提供文化艺术满足人类的精神需求。城市是一个人口与经济活动高度集中的区域，有各种服务性产品，如金融、医疗、教育、贸易等设施为城市地区的人类服务，满足人们的物质生活需求。城市还是文化知识的生产基地，这里集中了众多的人类优秀的精神产物生产者，如作家、诗人、画家、音乐家等，丰富的精神产品满足了人们的精神文化需求，陶冶了人们的情操。

（三）还原功能

城市密集的人类生产生活活动给自然环境带来了污染，改变了本地区原有的自然面貌，破坏了原生态系统的自然平衡。不过城市也具备还原功能，使被污染的环境在一定的时间和范围内得到自动恢复，有一定的自然净化能力，从而使城市与外部环境协调发展，使区域自然生态保持平衡稳定，确保了城市的生产生活活动得以持续正常进行。城市的还原功能具体体现有水体自净功能、大气扩散功能，绿地吸收有害气体和吸附灰尘的功能，以及土地的自净功能等。

第二节　城市生态环境现状

一、城市大气污染问题

城市人口密度在不断上升，工业企业也较为集中，工业化生产离不开燃料消耗的支持，随着工业化速度的不断加快，燃料的消耗量也随之增大，使得空气污染问题加剧。常见的大气污染包括地面的灰尘、车辆尾气及以及工业废气等。它们对大气质量产生了严重威胁，大气污染的主要污染源分为颗粒与氮氧化物。大气污染对城市居民的生活质量产生了严重的影响，同时也对城市的生态系统造成了威胁，尤其是工业化水平较高的城市，空气中存在着许多有害气体，包括重金属元素、二氧化硫、铅化合物等，如果每天呼吸这样的污浊空气，会导致肺癌发病率提高。此外，如果二氧化硫气体大量排放，会引发酸雨问题，导致土壤酸化，影响农作物产量，甚至引发树木枯死等严重问题。雾霾天气也是大气污染的一种形式，对城市居民的生活产生了不良影响，虽然许多城市的污染问题得到了治理，但大气污染问题还需进一步加大治理力度。

二、城市污水治理问题

（一）城市中污水排放量不断增加

随着经济的高速发展，各大城市的工业也得到了迅速发展，同时也带来了大量的工作机会，极大地改善了人们的生活质量。但随着工业的迅速发展，城市环境受到了严重影响，工业废水和生活污水的排放量逐年增加，成为城市污水的两大污染源。如果这些未经专业处理的废水直接排入水体中，将会对水体的质量造成严重破坏。

（二）污水处理资金投入较少

如今，许多城市的政府部门对环境保护和污水处理工作不够重视，导致在污水治理方面的投资相对较少，也没有建立起对废水的处置资金，从而使得城市污水治理没有得到相应的保障，同时，在废水的实际处置中，各项工作都需要资金支持。由此也可以看出,资金是污水处理工作顺利进行的必要条件,缺少治理经费,就无法有效进行污水治理工作。例如,在北京、杭州、上海、南京等地的排污税费中,县级及以上的污水费用征收不少于 0.95 元 / 吨,而高污水排放量的城市的处理费通常为 1.4 元 / 吨;如长沙、海口、北京这样的大城市,每万元 GPD 产生的污水总量在 1 吨以下。所以,污水治理工作开展得非常困难,许多地区都没有按照废水的实际排放量来向各行各业收取排污费用;还有的城市制定的标准较低,导致财政投入不充足,造成污水处理系统不能实现正常运行,也因此使城市中的污水处理工作得不到相应的改善。

(三)污水治理运营缺乏科学性

污水治理运营缺乏科学性主要体现在污水治理机构与企业针对污水排放情况缺乏协调治理以及综合分析,没有对生活污水以及工业污水进行详细了解,在制订污水治理计划中缺乏综合性以及合理性,无法针对城市各地区情况制订层次化、针对化的治理方案,导致设计出的污水治理计划缺乏科学性、合理性以及可行性,造成污水治理质量流于表面,污水治理的效率较低,不利于推进城市环境保护战略深化以及可持续发展趋势。

(四)缺少相对完善的污水管理系统

一般来讲,废水治理工作具有标准化、系统化的特点,且工作质量的高低直接关系到污水的治理效果。但从当前的状况来看,还有一些城市并没有建立起一套完善的污水治理体系,也没有按照规划进行排污,更没有意识到环境保护问题;还有一些地方,为了尽可能地降低成本,随意排放废水。这主要是因为我国目前还没有十分健全的排污系统和相关法制作为支撑,因此,严重制约了废水处理工作的顺利开展,同时,不完善的污水治理结构也直接影响了污水治理的效率和效果。

(五)缺乏先进的污水处理设施

在治理城市废水时,十分有必要应用先进的废水处置设备,这会使废水的综合利用率和处理能力得到极大提升。但是,在实践中,一些城市并没有引进先进的设施设备,在很大程度上制约了废水处理的效率和效果。

(六)城市生活污水处理厂分布集中

在部分城市中,由于废水处理设施分散,再生水难以回收。而大多数旧城区的下水道都以集流方式为主,要想达到更好的控制效果,必须重新设计成分流式,或设置一套排水管网，但这样做会给之后的管网布局带来很大麻烦，也会减少中水管道的数量。目前，国内大多数污水处理厂都是通过二级处理方式将生活废水直接排出，导致再生水的利用率较低，因此，如何提高生活废水的循环利用效率也是污水处理工作中最大的挑战之一。

（七）污水处理方面的法律法规有待完善

当前，我国对生活污水处理的相关法律法规还不够健全，同时也存在一定缺陷和漏洞，这在很大程度上阻碍了生态环境保护工作的顺利开展，也给废水处理带来了很大的难度。因此，在实现对废水进行有效处理的前提下，要促进城市的可持续发展，必须建立一套科学的污水处理体系。

三、城市的植被覆盖率低

在城市发展的过程中，需要完善各项基础设施建设，由此就需要应用大量的土地资源，这样就会导致虽然道路变得越来越宽了，人们的居住空间变得越来越大了，但植被覆盖率变得越来越低了。再加上道路都是以水泥地为主，这就使得植被的再生率变得非常低，在此情况下就会严重影响整个城市的水文环境。人们日常生活中要承受较大的雾霾、噪声污染，而且由于植被覆盖率低，也无法保证对这些污染进行有效控制，进而导致人们的生活质量变得越来越差。此外，较低的植被覆盖率也导致大气中的污染无法被植被吸收，使得城市大气污染变得越来越严重，最终会严重制约城市的经济发展。

四、城市噪声与光污染问题

随着城市生活水平的不断提高，人们对物质的追求也在不断提升，现代城市生活离不开手机、电子设备、高楼大厦等物质的支持。此类物品会在一定程度上加剧环境污染问题，并形成新的污染源，如电磁污染、噪声污染、光污染等。电磁污染会在很大程度上影响人们的身体健康；光污染会严重冲击人们的视觉；噪声污染会影响正常的休息。此类污染在生活中十分常见，同时也对生态环境造成了一定威胁，严重影响了城市居民的生活品质，甚至对健康造成影响，因此，要进一步处理噪声污染、光污染等新型污染问题。

第三节 城市生态环境保护策略

一、微观层面

（一）优化大气污染治理模式

为了全面推进大气污染治理，改善城市空气质量，应与当地的大气污染情况相结合，拟定大气监测与污染治理方案，优化创新现有的监测手段和治理模式。在大气污染物识别中，要按照辖区内企业类型、工业生产情况等，调查废气排放量大的企业，依据大气监测结果，判断和分析污染物类型、主要来源和污染程度，为企业提供减排指导，确保污染物排放达到相关要求。对于污染问题严重的企业，要责令其进行整改。

（二）建立完善的城市污水治理体制

完善的城市污水治理体系是推进城市污水治理工作的关键，相关部门应重视建立并完善城市污水治理工作体系，建立城市污水治理运行系统，制定有效的城市污水治理应急方案，优化城市污水治理的管理模式，以保障城市污水治理效果。在实施合理的城市污水治理工程过程中，应充分调研城市污水治理实际情况，根据当地生态环境因素和城市建设规划，来制定城市污水治理方案，明确城市污水治理的实施内容，采取先进的污水处理技术，不断地完善城市污水管道设置方案，同时要落实管网后期维护工作，保障城市污水管网建设的有效性。城市污水治理相关职能部门应结合城市规模，调整城市污水处理厂的建设规模，以满足城市污水排放的标准要求。可根据城市污水的三级处理方式，规范城市污水管理工作，提高污水处理设备的利用率。例如，将其应用到景观绿化或公共厕所的清洁中去，可以达到节约用水的目的。同时，重视城市污水治理质量巡查工作，及时检验城市污水排放是否达标，城市污水处理厂是否严格按照相关标准进行污水处理，加大对城市污水治理质量的监督和管理力度，可成立专门的城市污水整治工作小组，加大对企业生产污水排放核验工作的排查力度，严格惩罚随意排放污水的不良企业。建立完善的城市污水治理体系，有效地管控城市污水治理质量，制定严格的污水排放标准，确保城市水环境保护落到实处。

（三）加强城市噪声污染的治理

1. 重点防治夜间噪声

减少噪声污染是环境舒适的基本要求之一，夜间噪声的防治工作应当得到更高的关注。在夜间，大部分市民都处在睡眠状态中，噪声污染大多是在夜间形成的，如汽车过量鸣笛，工厂超时作业等。对于汽车在夜间过量鸣笛的情况，公路两旁需要具备醒目标语，同时应该区分时间阶段，规定哪些时间段严禁鸣笛。校园、居住区和医院周边区域应切实设置拍摄设备，开展严格的噪声污染防治工作。

2. 加大车辆噪声防治力度

交通运输所造成的噪声属于噪声污染的核心源头，因此，在防治噪声污染期间，需要注重对于交通噪声的防治工作。交通事业发展迅速，所以针对交通噪声的防治更需提上日程。汽车噪声大体由鸣笛噪声以及发动机噪声所组成。因此，防治汽车噪声工作大体从这两个角度着手。一方面，结合声音传递的原理，可以围绕发动机来做文章，在其上添加坚实的真空外壳，令噪声难以传达至外部；另一方面，可以应用卫星遥感技术，使得鸣笛声仅能被前方车辆所接收，避免噪声传至外界。平日，大量司机在候车的过程中，肆意鸣笛，造成了大量噪声。所以，要求司机加强安全驾驶意识，维持平和的心态，降低"路怒症"情况的发生。

（四）加强城市光污染的治理

1. 加强夜景照明生态设计

让城市亮起来、美起来的夜景观建设必须适度，否则效果会适得其反。夜间灯光的主要功能是照明，其次是美化，照明有一定的光线强度即可，过亮会干扰车辆和行人甚至破坏生态环境。美化夜景需要柔和、温馨的灯光，如果太过分会让人感觉不适。夜景照明应根据需要而设计，并且充分考虑生态环境因素。

2. 把好城市规划关，防止光污染

在目前，应严格执行《中华人民共和国城市规划法》中有关城市规划和建设不得造成环境污染的规定，把好城市规划关，对玻璃幕墙的使用（大小、形状与材料）进行统筹安排，尽量避免产生光污染。

二、宏观层面

（一）制定城市发展规划

每个城市的发展都要有清晰的目标，按照城市的实际情况，制定城市发展计划。在城市经济和生态环境共同发展的前提下，必须重视地区之间的差异性问题，将城市的实际发展状况作为出发点与落脚点，并结合近期以及中后期的发展情况，制定具体的发展目标。此外，城市发展中必须重视协调性这一特点。例如，若主城区之间有非常大的贫富差距、生态建设差异很大，均可能造成城市发展不够协调，并以此引发多种问题。若生态建设的差异非常明显，尤其容易影响城市经济发展和生态环境建设之间的友好关系，在一定程度上制约着城市生态环境可持续发展工作的顺利进行。

（二）坚持城市生态环境管理原则

1. 先进性原则

城市生态环境管理是一项长期系统且复杂的工作，受制度、技术、模式等多方因素的影响。目前，我国已经初步形成生态城市可持续发展理念，但实际建设情况不容乐观，其主要原因在于低碳环保技术不足，且缺少相应的推广案例。所以，在城市生态环境管理当中，应遵循先进性原则，加强生态管理技术的自主研发与应用，在最大程度上实现资源优化配置，推进可再生清洁能源的使用，提升城市生态环境修复能力，从而创建宜居的城市环境。

2. 法治化原则

生态城市新发展理念的提出，为未来的城市建设提供了方向，因此城市生态环境管理不仅仅应从管理手段与模式等方面出发，还应确保相关制度规范落实到位，形成完善科学的法律法规，将此作为城市生态环境管理水平提升的基础保障。一方面，加强生态保护工作指导，强化政策倾斜，提出未来城市生态建设的重点与方向，形成全套城市生态环境管理体制机制。另一方面，形成规范惩罚机制，严厉打击各种生态污染与高耗能生产行为，保证城市生态环境管理按照相应规定进行，提升对企业单位的约束作用。

3. 因地制宜原则

每个城市有每个城市的规划现状与思路，环境污染、资源消耗、地理位置等也有很大的不同，所以，在城市生态环境管理的过程中，应遵循因地制宜的原则，将城市环境保护与城市规划有机结合，有效发挥协调作用，在保证经济增长的同时加强生态环境的保护。此外，结合城市所在地区地理位置与所出现的实际环境问题，有针对性地制订环境管理措施，在最大程度上发挥城市生态环境管理的作用，坚持预防与治理同步进行。

4. 全民参与原则

城市生态环境管理的目的在于打造生态宜居环境，直接关系着每个公民的切身利益。一方面，城市生态环境管理建设的进度与成效在一定程度上决定了公民的居住环境，另一方面，公民的环境保护意识与责任意识也对城市生态环境管理的质量产生了直接影响，两者是相辅相成的关系。所以，城市生态环境管理需要依靠社会公众的参与，通过生态环境保护宣讲、引导社会公众加强监督，共同维护城市生态环境，增强公众的环保意识。

（三）加大城市绿色环保理念的宣传力度

城市生态环境保护如果只依靠环保职能部门做工作是不够的，要加大宣传力度，在居民生活中渗透环保理念，让人们意识到保护生态环境的重要意义，为城市的生态环境保护提供可靠支持。在宣传生态环境保护理念时，要获得群众的认可，通过对环境保护管理制度的进一步落实，提高全体居民的环境保护意识，保障环境保护工作能够落到实处，从而对城市生态环境保护工作不断推进，保护生态的稳定性。相关部门要进一步加大对环保理念的宣传力度，借助多元化的宣传渠道，使环保理念渗透到人们的生活中。

除此之外，落实生态环境保护工作要不断提高群众的自觉性，制定出完善的教育方案，加深群众对环境保护知识的了解，如在校园开设环保课程，让越来越多的青少年参与到环保工作中；企业也要进一步落实环境保护理念教育，让员工能够自觉遵循环境保护规定，实现城市生态环境的全面保护。

（四）坚持城市生态环境规划的法治路径

1. 风险预防的融合

（1）明确风险预防原则

从 20 世纪 80 年代开始，风险预防原则得以迅速发展，成为环境立法与实践中的热门词汇，并逐渐发展成为生态环境保护的一般性原则。

风险预防原则并不等同于环境保护法中的"预防为主，防治结合"原则。后者的重点放在，事前防止环境污染，积极治理和恢复破坏的环境，保护生态系统的安全和人类的健康及其财产安全；而风险预防原则针对的是具有不确定性的环境风险问题，简单来说就是对预备犯的预备手段进行控制。因此，风险预防原则应当是"规划"应有之义，规划本身就是一项趋利避害的公共政策，风险预防原则在目的上和规划行为具有一致性。

针对现阶段因规划理念问题产生的环境风险，用立法手段明确风险预防原则于规划法之中，有助于增强"规划"的法律地位，进而有助于增强城市生态环境规划的权威性。

（2）风险预防责任制度

城市生态环境规划是行政规划的一种，作为特殊的行政行为——针对不特定的多数的未来环境利益进行管理，这也必然决定了对于政府的行政理念和行政水平有着更高的要求，由是之，与规划相关的行政法律法规或规划法律法规应当适时引入风险预防原则，确立政府的风险预防义务。赋予政府履行风险预防职责的公权力，使当代人对于环境资源进行有限度的开发利用，保留相当数量的自然资源和物质财富给后代人，也是实现代际公平理念的重要一环。

风险预防责任制度的主要目的是将城市行政者的"政治命运"与自己当政期间的生态环境质量联系起来，在其政绩考核制度当中纳入城市生态环境规划的实施效果，倒逼行政者在"政府主导"的规划制度中谨慎编制规划、执行规划。构建规划层面的终身负责制度，行政者应当对其在职期间的规划严重失当导致的风险事故终身负责。

（3）构建城市生态风险预警机制

即使城市生态环境规划良好运行，但是也并不能完全避免环境风险的发生，警惕"兰州布病事件"的再次发生，为避免环境风险带来的损失或以较小前期投入减轻后期重大损失，应当在城市生态系统中建立专门机构对环境风险进行事前监测，在风险发生之后及时发出预警并为后期应急预案的制定提供条件。

①明确信息发布主体。发布风险信息是法律赋予政府的职责，但因环境风险具有专业性和时效性的特点，过度依赖政府会带来弊端，因此，应适当赋予第三方环境风险监测机构信息发布权限。

②发布风险信息务必准确规范。为风险信息发布建立与之相匹配的标准，在规划编制之初和规划实施中，从可能存在的风险种类、风险危害程度、风险波及区域、风险持续时间及可能产生的不良影响等方面予以公布，实时监督规划风险，及时调整风险信息。

③多途径发布风险信息。除电视、广播和手机短信等常规传统媒体发布途径

外，应提前开通微博账号和微信公众号等为日后发布环境风险预警信息做好准备工作，也有利于公众参与城市生态环境规划监督工作。

2. 生态利益的强化

（1）明确"生态利益"的法律价值

首先，可以列举的方式在城市规划法及相关法律中强调"生态利益"的重要性，将其从"公共利益"中独立出来，结束生态利益和经济利益暧昧不清的法律身份地位，制造两抗衡的状态，继而通过量化手段缩减政府行政与法官判案时对"生态利益"的自由裁量权，通过立法的形式向公众阐明"生态环境保护"的重要性，这有助于提升公众的环境权意识。

同时也要在法律体系中明确对生态利益与经济利益的评估，对于城市的发展构建双轨评价制度，督促政府行政者既不能一味地为了生态利益而放弃经济利益，也不能只重视经济利益，矫正其经济利益追逐过热的思想。

（2）纳入立法原则

人类作为生态系统的一项重要元素，其生产生活活动对于自然环境以及整个生态系统有着重要的影响。城市的发展归根结底是为了给人类提供便利，最重要的就是提供适宜人类生存的自然环境。现行城乡规划法实施中，许多规划的内容既无法满足人类的生态需求，又造成了对自然环境及其他生物的诸多伤害。将公民生态利益的保护纳入城市生态环境规划法律原则之中，制度安排上将公民生态利益制定成具体的量化指标，将此作为衡量城市规划的一个重要标准，对于生态城市建设也有重要意义。

公民生态利益纳入城市生态规划法中也符合生态城市追求的人与自然和谐相处、可持续发展等理念。公民享有生态利益本身就要求做到人与自然的和谐，只有坚持可持续发展的生态理念，制定规划的同时考虑到代际公平和代内公平，才能保证每一代人都能长久地享有生态利益。

（3）构建城市生态绩效制度

对于城市中的自然生态利益，通过生态绩效（Ecological Performance）将生态利益量化，把抽象的重要概念转化为可观察的数字。当一项城市措施、政策、管理实施后，城市生态要素的状态水平提升，即认为对应的城市生态绩效提升；相反，城市生态要素的状态随着城市管理措施的实施而下降，则认为对应的城市生态绩效下降。关于如何计算生态绩效这是一个技术问题，从技术的角度来看，我国已经具备全面的技术设施和技术评价模型。从法学的视角来看构建生态绩效制度，是将一种动态量化的评价指标引入法学定性世界之中，对于构建城市生态环境规划制度具有重要意义。

3. 公众参与落实

（1）明确环境权的法律地位

通过多年的努力，我国基本形成了以《中华人民共和国宪法》为框架，以《中华人民共和国环保法》为基本法，以《中华人民共和国水污染防治法》《中华人民共和国大气污染防治法》等单行法为主要内容的法律体系。

虽然，我国加强了环境法的立法进程，但是大气污染、水污染等仍然严重影响着人们的生活质量，公众缺乏参与环境保护的有效保障，这与环境权在法律中缺少明确的规定有直接关系。环境权分为实体性权利和程序性权利，主要包括环境享有权、使用权，环境知情权、参与权和请求权等，环境权是公众参与环境保护的重要法律保障。要想从根本上保障公民的环境权益，就要明确环境权的法律地位，建立完备的环境权保护法律机制，将环境权写入宪法。明确环境权的法律地位，创设公众参与环境保护的权利根基迫在眉睫。

我国对公民环境权的保护有所体现，但保护力度还不够。因此，我国需要进一步明确环境权的法律地位，可以从以下三方面开展。第一，要在宪法中明确公民的环境权，使环境权具有宪法地位。现行的宪法只是对自然资源的保护和生态环境的保护做了规定，是公民环境权的雏形。只有在宪法中确认环境权是公民的一项基本权利，才能提高人们对环境权的重视，才有利于对该权利的保护，才能让一切环境保护工作围绕公民的环境权展开。第二，在法律条文中明确列举环境权的内容，完善公民环境权利系统。例如，明确公众参与环境决策的范围，而不仅仅是规定公众只能参与建设项目环评。虽然现实中很难将环境权的内容具体、完整地罗列出来，但是只有这样才能不断细化和完善，才能将环境权落到实处。第三，保障环境权的程序性权利，保障公众的知情权，使公民可以直接凭借知情权获取政府公开的环境信息；保障公众的参与权，使公民有机会参与到环境政策的制定中；保障公众的请求权，使公民在遭遇环境损害时得到应有的赔偿。

（2）重构公众参与的基本规定

在城市规划制度中，规划环评是公众参与的主要阶段，我国相关法律明确规定公众参与的前提是"可能造成不良环境影响并直接涉及公众环境权益的规划"，参与时间"应当在规划草案报送审批前"，参与方式"采取调查问卷、座谈会、论证会、听证会等形式"或"其他形式"向有关公众征求意见。城乡规划法规定了公众在城乡规划各个阶段的知情、查询、监督等权利。但是，上述法律规定并未明确公众参与的主体，公众参与权发生基础是编制机关对于规划项目的判断，而参与方式也由编制机关决定。但是，结合生态文明建设以及城市生态环境规划制度的需要，城市居民参与范围应当是影响自身生存环境和健康的规划项目，而不是由规划编制机关决定什么该由公众知情。另外，在城市生态环境规划中，我们应当放开"公众参与"中的主体范围，不应当局限于"有关"公众。与此相对的，我们应当拓宽公众参与的方式，随着智慧城市的建设，智慧政府也在逐渐成形，这也为公众参与方式拓宽提供了契机，相比较线下的座谈会、听证会、问卷调查以及线上非互动的网站公开这类传统的方式，可以采取线上实时直播互动的方式向公众介绍规划项目，及时接收公众的意见，为公众答疑解惑，提高公众参与和城市规划的效率，实现城市规划过程透明化，减少群体事件发生的可能性。

（3）引入中立组织

我国的规划环境评价制度是公众参与的主要阶段，但是该制度有一个明显缺陷——缺少中立组织。规划由规划编制机关拟定，对其进行环境影响评价听证时，规划编制机关和公众处于相对立的地位，按职能分离原则，应当由中立的第三方进行听证。由此，有必要用立法的方式将中立第三方组织制度引入规划环评制度之中。而关于第三方组织的选择，合法成立的环保组织和各个城市的高校组织都可以成为备选项。

在规划评价制度中引入没有利益关系的第三方机构，主要目的是打破规划编制机关和政府与民众之间的信息闭环，让其承担保证公众参与权的任务，由其作为公众和政府、规划编制机关之间的传话人，畅通公众和政府的沟通渠道。

在现阶段，政府在公众参与中所承担的责任有必要遵循"倾斜保护"原则，不能因为公众"无知"而理所当然地无视公众参与的呼声，保障公民的知情权不能只靠"公示公告"、走过场的问卷调查和信息不对称不平等的座谈会，而应当积极地寻求与公众沟通的办法。

（4）构建激励制度

首先，公众参与缺位或者说不积极的一部分原因是知道自己无知，参与了也无用，以及对政府的畏惧使自身不愿意站在政府的对立面发声。因此，现阶段我国政府有必要效仿加拿大为公众参与环境影响评价提供培训课程。为公众讲解法律规范，普及法学知识，同时让专家学者为其解答规划文件中的内容，增加彼此的了解，只有这样，才能让污染者与被污染者之间的沟通对话有效进行。让无知者有智，才不会沦为有心者可利用的工具，降低群体性事件发生的概率。

其次，设定主要责任人——采取行政发包制度，指定主要责任人，防止心理学上社会责任分散效应的出现，有必要将责任落实到具体的某一主体。而在这一主体的选择上，从现下中国行政制度来看，由政府来承担似乎是必然的。但是，基于环保组织的急速发展，也可考虑将此任务赋予各个合法成立的环保组织。一方面环保组织比政府更具有专业性，另一方面可以促进环境保护组织的壮大，有助于提高环境问题中的公众参与程度。

最后，有必要设立专项资金。我国缺少对公众参与的激励。另观加拿大《环境评价法》规定公众可以申请加入加拿大环境署设立的公众参与资金资助项目，并在官方网站中详细地介绍了该项目的目的、内容、参与方式、符合资格人员审查方式和最终支付资助资金的方式，规定得十分详尽，可操作性极强。

（五）建立完善的城市生态环境监管体系

对于城市发展过程中的生态环境保护，不仅依赖于人们对于生态环境的保护意识，同时也需要建立完善的环境监管体系。通过强化对生产企业、居民的环保监管，确保整体生态环境保护水平的提升。对此，相关部门要建立起完善的生态环境执法队伍，强化对于生态环境保护的司法保障，同时还要建立起关于环境保护的信息共享平台，对于违反环保规定的行为及时进行通报，并且开放平台接受群众举报，以实现执法效能的提升，保障生态环境污染治理的有效性，并提高生态环境保护水平，为城市可持续发展提供有利条件。

第四节　大气监测对城市生态环境的影响

一、大气监测在城市生态环境治理中的价值

（一）指导大气污染治理

加强大气质量在线监测，可以为大气污染治理提供重要依据。目前，我国针对大气污染问题推出了一系列的监测机制和治理举措，并以此为指导，推进生态环境保护工作的开展，以追求社会的可持续发展。大气监测可利用智能监测装置的动态采集、多元分析、实时报警功能，全面处置乱排乱放现象，推动大气污染的实时管控和高效治理。要结合大气环境的关键数据核查污染源，并

通过试验检测确定污染程度，以确保大气污染治理有理有据，有导向、有重点，从而提高城市生态环境治理的针对性和实效性。大气监测可直观反映地区环境空气质量差异，探明区域大气污染的严峻程度及影响要素，具有明显的实用效果。

（二）加大执法监督力度

如今，大气监测技术的发展十分迅猛，在大数据、物联网、云平台等支撑下不断升级，其监测范围更广，监测精度更高，提高了执法监督的有效性、针对性和精准性。大气污染治理可以融入卫星定位技术，构建信息化大气监测的新格局。大气环境监测系统利用大气污染数据走势图，可以快速识别某一时间段某区域的排污单位是否存在排放未达标废气的问题，并探明废气排放是否过量。同时，它可以采集海量且准确的数据信息，为大气污染治理提供诸多便利，并加大对排污单位的执法监督力度。

（三）核查污染物排放

大气环境监测系统不仅可以监测周围的环境指标，明确大气污染问题，还能直观显示污染物排放量，生成历史记录，用于对比核查。特别是在 24 h 在线监测装置投入使用后，大气污染物排放核查效益明显提升。目前，部分企业基于投机心理会随意排放废气，而 24 h 在线监测技术的问世让废气随意排放行为无处遁形。该技术可快速查明污染物排放量是否合理，一旦发现污染物排放超标，自动在第一时间上报监管部门，并采取行动，从而实现大气污染的早预防、早发现、早处理。

二、基于大气监测的城市生态环境治理

（一）完善大气监测体系

城市大气污染治理具有长期性，要建立完善的大气监测体系，明确区域大气污染程度，全面分析其变化规律及发展趋势，确保监测结果的准确性，为城市大气污染治理提供有效指导。随着互联网、人工智能等技术的普及与应用，要构建和优化大气监测管理系统，运用智能化监管手段，提升大气监测的有效性和连续性，促进城市大气污染治理的规范化。

（二）加快大气监测技术创新

为了提升大气污染治理的科学性和有效性，要加快大气监测技术的研发，加大科研投入，大力培养创新型人才，全面提升大气监测技术水平，确保大气监测结果准确。同时，地方政府、企业等主体要协同参与城市大气环境监测与污染治理，运用先进的大气监测技术来解决实际问题，强化大气污染治理效果，最终建立长效的大气污染治理体系。

第五章 农村生态环境保护与大气监测

近年来，我国高度重视生态环境保护问题，加大了对农村生态环境保护工作的投入力度，但就目前来看，各种举措并未有效抑制住农村生态环境破坏的趋势。加强大气监测技术在农村生态环境中的应用具有一定的现实意义。本章分为农村生态系统概述、农村生态环境现状、农村生态环境保护策略、大气监测对农村生态环境的作用及其应用策略四部分。

第一节 农村生态系统概述

一、农村生态系统的构成

（一）自然生态子系统

自然生态子系统是自然选择与适应过程的产物，系统中的生物物种拥有环境所允许的最大程度的多样性。这些生物物种间的相似程度很不一样，各类物种有复杂的关系联系，自然生态系统内形成的多样性与其机能间的相关关系维持着该系统的稳定，系统网络结构的合理性与完整性保证了系统的可持续性。自然生态子系统受自然因素及其规律的制约，并保持与自身功能相适应的生物多样性，在能量流动过程中实现自我更新与发展。因此，生物在能量流动过程中积聚，表现出明显的自然节律性。

（二）村镇生态子系统

村镇生态子系统是农村居民非农活动的产物，该系统的发展不仅受到人类行为的影响，还受到经济规律的制约。与自然生态子系统不同，人类行为成为系统发展运行的关键因素，影响村镇生态子系统的发展演变，在物质循环的能量流动过程中，人类活动承担了重要的角色。因此，村镇生态子系统是典型的人工系统，具有人工系统的某些特征，与城市生态系统较为接近。

（三）农业生态子系统

在农村区域内，由于自然因素的制约和人类生产活动的影响，形成了农业生态子系统。在农业生态子系统中的能量流动具有自身的特点，在能量流动和物质循环的过程中，不仅局限于系统内部，而且实现了与系统外的能量交换。如果在能量流动过程中能量输出减少、间断或不平衡，能量转化的效率将会受到影响，会进一步影响农业生态子系统的生产力。人们对于农业物种的选择，有时会表现出与自然资源环境极大的不适应性，导致自然环境的能量和养分不能保持原有的水平。

二、农村生态系统的特点

在农村生态系统中，自然生态子系统为农村生态系统提供物质基础和能量基础，表现出极大的自然属性；农业生态子系统在物质和能量循环过程中满足人类最基本的需求，构成系统的主体，具备农村生态系统的大多数特征；村镇生态子系统能够满足农村生态系统更高的追求，是系统实现更高级功能的必要组成。然而，与城市生态系统和纯自然生态系统相比，该系统的结构特殊性具体表现在系统的目的性、综合性、非自律性与自然节律性、地域差异性、结构多样性等方面。

（一）目的性

在农村区域内，人类的生产、生活都受到自然因素的影响，在长期与自然环境的斗争过程中，最终实现了人类生产生活的目的。在农村生态系统中，人类的社会经济活动反映了系统运行的全过程，满足人类的需求及实现相关的物质循环和能量流动是系统的唯一目的。然而，系统的物质循环与能量流动受到区域内人类行为及其所生活环境的影响，由于人类行为的干预，系统运行的物质、能量及信息量达到了相当的水平，系统的生产力明显提高；同时，人类的干预若超过系统的承受能力，会导致系统大多数功能失效甚至是系统崩溃。

（二）综合性

农村生态系统的结构和功能是复杂而综合的，不仅其内容、措施多种多样，自然因素和人为活动的关系也十分复杂。因此，发展农业生产必须树立整体观点，把农村当作一个整体进行综合分析，全面考虑。

（三）非自律性

自律性是指系统在封闭的环境中所表现出来的特定的性质。农村生态系统表现出明显的输出性特征，要实现系统内的物质和能量的转化，系统内的能量将无法满足其需要，必须从该系统以外的系统输入。了解农村生态系统的能量流动和转化规律，对分析农村生态系统的功能及其组成部分之间的内在联系和生产力形成非常重要。

（四）自然节律性

在以农业生产为基础的农村区域，农业生态子系统成为农村生态系统的构成主体。在农村生态系统中，农业生产都必须依赖于光、热、水等非生命环境，并且实现其生产的每一环节都包含着大量的能量流和信息流，这些能量流和信息流会受到自然规律的影响，如表现出较强的季节性等。同时，人类的活动被限定在特定的环境中，且不能肆意破坏自然生态系统的平衡。因此，农村生态系统具有自然节律性的特征。

（五）地域差异性

在我国农村区域，自然因素对农村生态系统的影响较为复杂，具有明显的地域差异。我国地域广阔，气候、地形、水文、海拔、土壤等自然因素对生态系统的影响差异明显。同时，我国农村区域，社会经济的历史发展现状各不相同，表现出明显的南北差异、东西差异等，这些差异直接影响农村生态系统功能的发挥。因此，农村生态系统表现出较强的地域差异性特征。

（六）结构多样性

农村生态系统的结构优化是实现该系统整体功能的保障。主要从以下三个方面介绍系统结构的多样性，即系统的结构单元、结构链和结构网络。能否实现系统多项功能，由系统的结构单元的多样性来决定。农村生态系统的结构单元包括众多的生物和非生物环境。其中生物包括参与生产活动的各种动物、植物和微生物等，生物的多样性直接决定了系统结构单元的多样性，非生物环境将对系统整体结构功能产生影响。同时，结构单元的多样性表现为生物多样性，是农村生态系统结构多样性的特征。

在农村生态系统中，不同的结构单元为了实现某种特定的作用而构成链状结构，因此，特定的结构链包括实现其目的的物质循环和能量流动的全过程，显然，不同的结构链或许由不同的结构单元构成，或许实现不同的结构特征。

多条相同或不同的结构链按照特定的方式构成结构网络。这种更高级别的系统结构网络在农村生态系统中直接或间接发生作用，同时，较为清晰地表现了系统内部各结构单元的某些特性。农村生态系统网络关系建立的关键包括两个方面。一方面，在原有的结构网络中加入一些有益的结构单元或结构链，或者某些结构网络中去除某些无关联的或有负关联作用的结构单元或结构链，促进网络结构的优化，最大化地实现系统结构功能。另一方面，在没有相关关系的结构单元或结构链之间建立某些特定的关联，充分发挥结构网络的现实作用。

（七）复杂性

农村生态环境的复杂性主要体现在生态环境系统结构的复杂性方面。农村地区主要是以农业种植、畜牧业养殖等产业为主，这种产业对土地资源、水资源的依赖度比较高，并且生产活动对生态环境的影响更为深刻，即农业种植、畜牧业养殖的方式，会对土地资源、水资源的质量产生直接或者间接的影响，而这种影响会反过来作用于农业种植和畜牧业养殖活动。例如，虽然农业种植中大量使用化肥在短时间内增加了单位面积土地资源的产出，但长期使用化肥会导致土壤出现板结、肥力下降等情况，影响土地资源的持续性利用，造成单位面积产出量持续下降，最终影响农业种植的持续性。

三、农村生态系统的功能

（一）生产功能

这里的生产功能主要是指有机质的生产过程，有机质的生产是生命体得以延续和更新的保证。各生命体在非生命环境获取物质和能量，通过光合作用、食物链传递等实现物质和能量的转化。

农村生态系统最基本的功能是物质生产，为了人类发展的需要，农村生态系统的生产除了满足自身的更新和演替外，还需要为人类的发展提供物质基础。农村生态系统为人类生活提供原始资源、生产的原材料和维持生活必需的粮食等；同时，农村生态系统还向农村区域外输送一些基本的生活物资，提供整个社会发展所需的初级产品等。农村生态系统巨大的生产能力不仅满足了城乡居民的基本生活需求，满足了城乡基本需求，同时也为工业生产和城市发展提供了大量的原材料，促进了城乡发展，是重要的物资供应基础。然而，在耕地面积面临不断减少的压力下，我国农村生态系统已经基本实现了生产功能的最大化。

（二）生活功能

农村生态系统为农村居民提供生活和居住场所，使农村居民享受健康生活，构成了农村文化和经济发展的重要依托。农村区域作为有机整体，让农村居民安居乐业，同时也以其丰富的旅游资源、独特的生活方式、特有的风土人情吸纳了大量的城市人口。总之，农村生态系统的生活功能体现在为人们追求美好生活提供必备的条件，为农村建设和社会发展提供基础的物资储备和天然能源。

（三）生态功能

对于不同类型的农村生态系统，都具有相似或相异的生态功能。如森林生态系统主要具有涵养水源、水土保持、净化空气、提供清新空气等生态功能；湿地生态系统主要具有调节径流、气候调节、侵蚀控制、抵御洪水等生态功能；农田生态系统具有调节气候、净化水质等生态功能；其他类型的生态系统通常也具有调节气候等功能。我国农村地域广袤，表现出更强的生态服务功能。在世界范围内，农村生态系统除了生产世界上最多的粮食和各类农产品外，还发挥了巨大的生态服务功能。据中国 21 世纪议程管理中心可持续发展战略研究组的相关研究，在我国农村区域的森林、草地、耕地以及水面等构成了自身相对独立的生态系统，且每种农村生态系统每年的生态效益占我国国内生产总值的 50% 左右，对整个农村生态系统的生态安全有着重要意义。

（四）文化功能

农村生态系统的文化功能在农村发展中占有重要地位。作为相对独立的空间，农村内部存在着相互联系且多样性的文化形式，通过相互影响和长期积淀，构成了农村文化生态系统。农村生态系统的文化功能维持着人类文化的最大化多样性，并在其文化功能的实现过程中传承传统文化、构建现代知识体系和教育体系等，同时为广大美学爱好者提供创造宝贵思想的场所。中华民族的传统文化和特有的民族文化丰富多彩、源远流长，而这些民族文化来源于农村，依赖于农村特有的非物质环境，同时农村承载着更多的民族精神。农村生态系统的文化功能是农村区域社会发展的重要保证，反映了农村区域的发展水平和历史演变的规律，是中华民族宝贵的财富之一。

（五）能量流动、物质循环和信息传递功能

生态系统在物质生产、能量流动、物质循环及信息传递的过程中表现出明显的整体性特征。首先，从各区域间农村生态系统中能量的流动和转移方式可以看出，能量的存在方式多种多样，具体包括来自光源的光量子以波状运动形式传播的能量，即辐射能；化合物中储存的生命活动所需最基本的能量，即化学能；运动着的物质所含有的能量，即机械能；电子沿导体流动时产生的能量，即电

能；参与生命活动的任何形式的能量，即生物能。生态系统中的不同形式的能量流动都遵守热力学第一、第二定律，实现能量在不同形式中的转移或转化，但在转移或转化过程中，能量的总量并没有发生变化，即遵循能量守恒定律，并且能量总是从能量的高级形式流向能量的低级形式，由高能量物质流向低能量物质。

其次，生态系统中维持生命需要各种各样的化学物质，这些化学物质的供应也是在能量流动中实现的。在生态系统中，太阳能提供能量最初的来源，地球环境提供物质资源。各生命体在非生命环境中获取营养物质，实现生命体的延续发展，而非生命环境还通过自身的某种特殊的方式实现能量的转化而参与到物质循环中。生态系统中的物质循环遵循物质不灭定律和质能守恒定律。

各生命成分之间的信息传递是生态系统的基本功能之一。信息传递过程也是一种能量消耗的过程，既不能实现物质和能量相似的循环的功能，也不具有物质和能量流动的方向性，而是在信息传递的过程中双向流动，有时表现为信息反馈的作用。各种不同的信息形式在生态系统中发挥不同的作用，并且信息在能量流动和物质循环过程中转化成不同的信息，同时，不同的信息流动把整个生态系统的物质循环和能量流动联系起来，使系统始终处于正常的运转状态。

第二节 农村生态环境现状

一、农村生态环境治理取得的成就

（一）生产方式上的改善

近年来，全国各地积极推进农村产业深度融合，加强产业布局优化、革新驱动和品牌引领，持续发展绿色化农业，建设一村一品的特色模式。

1.农村农业生产规范化有了良好发展

为了加快农业绿色发展，农业农村部以东北为试点，采取了禽畜粪污再利用、秸秆再利用等措施。利用种植养护循环、农业废弃物再利用等举措，减小农业资源耗费，进一步推动农业绿色化发展。

2.农业产业生态化有了良好发展

所谓产业生态化，即在一定范围内，根据自然发展规律，对自然、产业、社会三大系统的关系进行优化改善，促进人与自然的和谐相处。近年来，我国通过改造传统产业，利用先进的生产技术，促进产业绿色发展。党的十八大以来，中国大力推进农村产业的生态化发展，以实现农村的可持续发展。例如，广州增城区被誉为全国"百强镇"之一，以制作牛仔裤闻名。但是，在制作牛仔裤时会经过漂染、水洗等步骤，从而产生废水、废气等，对该地区的生态环境带来了严重破坏，而且经常收到附近居民的投诉。因此，国务院决定在全国范围内开展"三废"治理攻坚战。中央要求各地抓紧制定相关政策和规划，以促进经济发展方式转变；同时加快推进工业结构调整。政府关掉了高污染企业，改造落后企业，并为高科技企业建立了孵化中心。所以，要想避免生态环境被破坏，中国一定要在产业发展阶段摒弃落后产能，全力培育耗能少、污染少的企业。

3. 农村产业绿色化有了一定发展

产业兴旺必会带动经济发展，如果没有强大的产业支撑，那么乡村振兴战略将难以落实。在我国农村生态环境建设中，绿色产业是关键，既能够维护我国生态环境，又能够加快经济发展。党的十九大以来，政府和群众越来越看重农村工业的绿色化发展。

（二）生活方式上的改善

首先，建设美丽乡村代表着广大村民对未来幸福生活的憧憬，农村环境污染严重始终是农村发展的强大阻碍。因此，开展农村人居环境整治行动，对各个村内的陈年垃圾进行清理，不仅有利于村民养成良好的卫生习惯，而且有利于我国农村人居环境整治取得一定成效。要对农村生活垃圾进行清理、对农村村沟村塘的淤泥进行清除。

其次，农民对厕所的兴建提出了强烈诉求，期待获取更高的厕所卫生条件，并且厕所卫生条件是人居环境的重要指标之一。2017年底，习近平总书记强调："不要忽视厕所问题，这是城乡文明建设中的重点，除了景区、城市要改造之外，农村更要抓紧改造，应当将它看作乡村振兴战略的重要任务实施。"厕所卫生的改变直接影响人们的生活环境和身心健康。政府在旱厕改造方面，鼓励农村用户的厕所进院子、进房子，淘汰连茅圈和简易旱厕，引导村民改造自家厕所，普及水冲厕进入村民家中。政府通过开展专项整治行动、财政扶持农村厕所，让农村厕所的改造数量得到了明显提升。

最后，改善农村的大气环境和建设污水处理厂。习近平总书记指出："重视北方人民在冬季的取暖和清洁问题，保证北方人民能够温暖度过寒冷的冬天，同时也要加大消除雾霾力度，为能源生产、农村生活改革提供助力。"随着《中华人民共和国大气污染防治法》这部法律的出台，政府指导农村专门整治了取暖用煤、燃煤锅、散煤、劣质煤等能源的使用，倡导农村能源结构改革，在农村积极推动清洁能源走进家家户户，指导农村地区有序开展天然气及配套设施安装。为持续提高农村环境质量，禁止污染较严重的劣质散煤等传统能源的使用，不允许劣质煤进入农村，并将"气代煤"与"清洁煤"的政策推广并贯彻落实。已经散落在农村的散煤，由政府进行回收。通过减少劣质煤炭，"煤改气"工程的持续推行，农村人居环境已经得到改善，提升了农村生态质量。在对农村污水处理方面，结束农村污水的价差流动，改变村民随地泼洒生活污水的陋习。开展污水站建设工程，污水站每天能够处理几万吨污水，能够减少农村污水乱排乱放的现象，有利于改善农村环境。

（三）管理方式上的加强

贯彻落实乡村振兴战略，必须加强农村法治化建设。近些年，以习近平同志为核心的党中央对农村法治建设提供了大力支持与帮助，在生态环境保护法律法规体系、生态文明执法改革成效方面都取得了重要进展。

《中华人民共和国环境保护法》在2015年颁布，彰显出国家关注农村环境的力度，《中华人民共和国环境保护法》对矿产、渔业、空气、森林等资源的使用均出台了相关规定，例如，《中华人民共和国渔业法》，对渔业的养殖、捕捞等活动给予规定，提出了环保要求；《中华人民共和国矿产资源法》对矿产资源的勘察、开采、使用等给予规定；《中华人民共和国大气污染防治法》对大气污染防治办法等给予规定。在2020年新修订和制定的有《中华人民共和国渔业法》《中华人民共和国粮食安全保障法》《中华人民共和国生物安全法》《中华人民共和国农产品质量安全法》。在2021年出台的有《农田灌溉水质标准》《再生资源分拣中心建设管理规划》等，这些法律的颁布和实施为农村进行生态环境治理提供了理论依据。

生态文明执法改革成效明显。到2021年，和环境资源相关的案件审结数量超过了70万件。其中，农业综合行政执法效果最为突出，据查阅相关资料发现，在2021年上半年，案件数量就达到了4.04万件，出动执法人员高达180万人次。不难发现，我国改革生态文明执法的效果非常明显，执法人员专业能力、职业素养也得到了有效提升。保护环境普法宣传教育针对性有所提升，如"宪法进农村"活动的开展，活动通过运用宣传片、动漫展示、抖音短视频等新形式，向农民宣传相关环保政策及法律制度。

二、农村生态环境存在的问题

（一）基础设施建设滞后

农村生态环境保护需要相应的资金、技术、人才作为支持。虽然近年来各级政府不断加大对农村生态环境保护基础设施建设方面的资金投入，但由于村庄数量多且分布分散的原因，无法确保每个村庄都配备有相应的生态环境保护设施，这就出现了生态环境保护基础设施建设滞后，难以保障相关保护措施落实的情况。

例如，部分地区存在人口数量多的村庄建设有集中性的垃圾分类处理站，而人口数量相对少的村庄则只是简单地放置了几个简易的公共垃圾桶的情况，这种情况就导致后一种村庄的生态环境保护局面比较差。同时，部分农村地区还存在雨污分流与旧房改造不协调的情况，即雨污分流管网等设施的配套建设滞后于旧房改造，造成部分改造后的房屋无法接入雨污分流管网，影响污水治理的效果。

（二）农业生产的污染问题

随着我国城市化进程的快速推进，城市人口也不断增加，越来越多的农村青年去大城市发展。这导致城市在农产品数量、质量等方面的要求越来越高，间接推动了农村农业的发展。部分农民为了提升农作物产量，对各种化肥、农药、塑料薄膜进行应用，借此保证农作物健康快速生长。然而，过度依赖这些产品不仅会对农村环境造成破坏，还会对农产品消费者的生命安全产生威胁。所以，虽然城市化进程加快对农村经济有积极影响，但是也对农村生态环境带来了污染。具体表现在农村耕种模式与耕种手段的变化上，即随着科学技术的发展，农村化肥与农药的使用量在不断增加；农作物里的农药残留浓度逐渐增大；土地集中承包者大幅增加化肥使用量等，这些举措短期内可能给农民带来收益，却增加了农村环境负担，造成了不可逆的环境伤害。

1. 化肥、农药的过量使用

农民主要依赖土地展开农业生产活动，首先由于缺乏绿色的农业生产理念，以及现代化的农业生产技术，部分地区的农业生产水平较低。为了提升农作物产量，不惜增加农药、化肥的使用量，导致土地的污染加重。化肥对土地和人体均有危害，其不仅能够使泥土结块、破坏土壤自身的生态恢复力，还会挥发刺激性气体，不慎吸入人体后会对人体造成损害。其次由于部分农民的环境保护意识薄弱，缺乏基础的农业生产知识，使用过的薄膜、化肥、农药包装物被随意丢弃，造成了土地二次污染。截至目前，我国因农药而受损的耕地面积较大，同时也为农业生产造成了一定影响。例如，农药中含有硝酸盐与亚硝酸盐等有害成分，农作物在含有这些成分的土壤中生长，产出的粮食也会带有毒性，从而对群众的生命健康安全产生威胁，甚至会提升患癌率。农药残留经过降水冲刷后渗入地面，使地表水出现富营养化现象，不利于水中生物生存，危害生物循环系统。

2. 农膜的过量使用

农膜是广大农民在农业生产中最常使用的工具之一，其能够保证土壤的湿润度和温度在标准范围内，能够促进农作物生长。据不完全统计，我国使用农膜的土地在1亿亩以上。但是，农膜也有缺点，如农田中残留的薄膜一部分会深入土壤中，破坏土壤构成、影响农作物通风等；一部分则被风吹得遍地都是，因农膜短时间内很难降解，所以对农村地区的生态环境带来了很大危害。随着农业现代化的推进，农膜污染日益加剧，加强农膜污染防治势在必行。

塑料薄膜基本上伴随着蔬菜的生产全过程，农村蔬菜种植大多使用塑料大棚。大棚需要大量塑料薄膜，低价塑料薄膜虽然能产生高效益，但是对土地也造成了严重损害。这种塑料薄膜基本上是一次性使用的物品，而且对土壤结构有严重危害，其会削减农田的生产力、降低农作物的产出量。农膜残片与土壤混合在一起，影响土壤水分的蒸发与吸收，限制农作物根系的生长，甚至土壤中的微生物也会受到影响。土壤里的塑料薄膜极难分解，长期存在土壤中会滋生有害物质，影响土壤微生物的生长。据统计，我国农膜大多是不可降解的塑料薄膜，农村土壤的残膜处理方式有待改善。目前农膜回收机制不完善，白色污染严重。塑料薄膜长期得不到回收处理，随着雨水渗透，其中的有害物质甚至会造成二次污染，污染地下水。

3. 规模化养殖的过量排放

经济的快速发展使得人们对畜禽的需求也在上升，这就为农村养殖业提供了市场。工业化的发展对工人的需求大增，导致大量农民进入城市，城市人口增加，对蛋类、肉类的需求上升，进一步刺激了农村养殖业产业的扩大化、标准化发展。农村养殖业的繁荣为农村GDP的增长做出了重要贡献，但养殖业也随之带来了日趋严重的污染。

农村养殖业的污染主要来自畜禽养殖。我国的农村畜禽类养殖主要形式就是家庭自建厂房式养殖，这类养殖主要是将自己庭院或者自建的小厂房作为主要养殖场地。畜禽与人在一起，消毒杀菌工作不专业，畜禽容易对人体造成损害，如禽流感等。农村缺少完善的排污设备，养殖员基本上是户主，缺乏养殖专业培训，畜禽的粪便与污水处理基本就地堆放或排向附近河流，导致水环境受到严重破坏。

养殖产生的废水是当地河渠的一大威胁。在实际饲养环节，某些养殖户没有遵守相关规章制度随意放置粪便，如放在耕地、河边等区域，想让这些粪便自然分解，这对土壤环境造成了很大危害。特别是在降雨量较大期间，在雨水的冲刷下，这些粪便会流至道路、耕地以及村民家中，这也是养殖企业所在地居民对其比较反感的原因之一。

（三）生活垃圾的污染问题

①数量增多，成分越发复杂。受到农民生活水准以及季节交替的影响，农民的消费观念不断发生变化。农村生活垃圾的数量每年都在不断增加，统计数据显示，当前我国人均生活垃圾产生量为每天 1.3 ～ 1.5 kg 左右，农村生活垃圾中的工业用品逐渐增多。

②随意堆放，分布分散，很难收集。在我国，虽然有很多地方已经初步形成垃圾回收处理模式，但是由于农村居住较为分散，仍旧有很多农村区域的垃圾没有进行科学的回收处理，这些随意乱扔垃圾的现象严重影响着环境卫生和居民的身体健康。随着时间的推移，自然地变成了天然的垃圾箱，对土地造成了严重的浪费，还滋生了多种苍蝇等病原体传播物。不仅如此，垃圾不及时进行处理，随意进行堆放，会产生易燃易爆气体，容易引起火灾和爆炸的发生。

③政府对于农村垃圾的收运处理，没有进行整体的规划。我国各级政府单位对农村垃圾的处理采取各自处理的方法，因此造成垃圾回收处理的结果参差不齐，缺乏整体规划和必要的法治环境，且垃圾收运基础设施建设不健全，没有形成系统的垃圾收运流程。

（四）农村工业污染问题

我国科技不断发展，逐渐开始实施农村工业化，在农村中逐渐多了各种中小微企业，虽然在经济上实现了飞速发展，但是农村的生态环境遭到了损坏。有些化学工厂会建在乡村，这使得农村的污染加重。一些高污染企业立足于乡镇地区，企业生产中的"三废"排入生态环境，严重破坏了耕地、大气环境，影响到农业种植和食品安全。这些乡镇地区没有过多的能力处理这些废水及污染物，所以时常会有未达到标准就排放污水或者污染物的情况发生。长此以往，就形成了农村的工业污染，也成为农村生态环境治理最大的问题。

（五）农村生态环境治理规划欠缺

长期以来，受各种条件的影响，乡村生态环境治理的总体规划仍不理想。虽然我国乡村生态环境治理方面的政策在逐步增加，但离城市的标准还很远，城乡资源和资金的差距仍然很大。随着乡村城镇化的不断推进，乡村环境问题也开始变得越来越棘手，因此更迫切地需要系统而有效的治理机制。

乡村生态环境治理规划的不足主要体现在两个方面。一方面，任务执行压力较低、难度大的问题。从目前的乡村生态环境治理体系仍不成熟的局面来看，乡村生态环境的监管工作依旧采取人力巡逻或居民的安全团队自愿举报的方式，但是此方式过于分散，对针对性地解决乡村生态环境治理问题来说是不够的，乡村具有熟人社会的固性思维，乡村居民容易有事不关己高高挂起的心态，难以做到积极配合。因此，在现有条件下，乡村生态环境治理的执行效果无法得到提高。对很多乡镇企业来说，其生产技术没有及时更新且存在相对滞后性，在使用污水处理系统方面缺乏科学成熟的系列条例支持，同时又随着改进力度的不断加大，一些污染严重的企业被迫关闭或暂停，而配备完善的环保体系的企业将会有巨大的支出，会影响其经营利润，所以很多乡镇企业只能选择通过其他的方式来避免整改环节等，这无疑又增加了治理的压力。从乡村居民的角度来看，他们对法律规范的认识不足，所以这些现实的情况又进一步加大了治理的难度。另一方面，随着越来越多的新型乡村劳动力不愿意选择留在乡村，全国乡村生态环境治理缺乏专业的乡村生态环境治理人员的指导，因此在乡村基层组织制定的一系列有关乡村生态环境保护的措施上缺乏科学的理论支撑，进而导致乡村生态环境治理的速度相对来说较为缓慢。因此，在新时代乡村生态环境的治理过程中引进高素质的乡村生态环境治理人才也是一项重要的工作任务。

（六）乡镇企业带来的新污染问题

首先，改革开放以来，在国家政策的推动下，一大批乡镇企业逐步开放并高速发展。我国农村经济在乡镇企业的带领下取得了一定成效，但不可避免地伤害了村民赖以生存的环境。在我国工业产业迅猛发展的背景下，农村地区的生态污染也愈发严重。乡镇企业不同于城市企业，乡镇企业规模小且分布场地不集中，生产设备更新缓慢，这些特征致使政府对乡镇企业的管理具有很大压力。另外，乡镇企业为了利益最大化，较少设立除污设备，这是乡镇企业带给农村污染的主要原因。近几年，我国政府更加重视农村的环境保护，对乡镇企业提出了诸多环保标准，设立了相关的环保法律法规。

其次，一些乡镇企业购置的垃圾处理设备不符合标准，导致生产环节产生的废水、废气没有经过任何处理就向外排放，对企业所在地的生态环境带来了很大破坏。农村工业和乡镇企业数量的增加也加大了农村生态环境的压力。因此，迫切需要政府部门、社会企业等多方齐心协力解决工业污染问题，优化产业结构，促进工业向绿色化、节能化方向发展，保护自然环境。

最后是城市污染物对农村的影响。随着社会经济的不断发展，环保意识在人们心中也越来越重要，政府为此制定了许多环保的法律法规进行防控。因此，许多城市中的重污染企业为了效益最大化，开始转向地价和劳动力相对较低的农村。不仅如此，部分城市在选择垃圾处理场的建设区域时也更倾向于农村，将城市居民产生的垃圾经过运输，堆放在农村进行处理。这些污染物的堆放，使农村的水源和土地遭受污染，也不利于农作物的生长。

（七）农业自然资源日益减少和退化

当前，我国人口规模日益壮大，自然资源供需失衡问题不断加剧。自然资源的粗放式开采及不规范、不科学利用导致资源数量锐减，严重影响了自然资源的再生功能，甚至引发了自然资源危机的问题，使得其供给问题变得更加严重。

从总量上来讲，我国是一个资源大国，但是从人均角度来讲，则是个典型的资源贫乏的国家。特别是从推动国家发展、社会进步的重要战略资源层面上看，农业资源严重落后于世界平均水平，无论是耕地还是森林等均明显滞后于世界平均水平，人均农业自然资源量的匮乏在很大程度上阻碍了农村的经济发展，也不利于新农村建设。

虽然我国地大物博，但是土地还是中国的稀缺资源，主要原因在于：一是人口规模庞大，耕地面积少，人地之间的矛盾进一步加剧；二是耕地面积不断减少；三是我国三分之二为山丘，耕地后备资源不足；四是中低产田占绝大多数，优质产田非常少。随着城乡一体化建设发展的需要，农村城镇化水平大幅度提高，随之而来的就是农村土地的使用面积也日益增加，导致土壤退化、沙漠化现象严重、耕地资源减少，人地矛盾日益突出。尤其是在水资源方面，存在着明显的供需矛盾，水资源严重短缺是我国当前面临的一个重要问题，而水资源的区域失衡确实制约了农业经济的稳步发展。虽然我国的水资源总量较为可观，但人均拥有量匮乏，水资源的区域差异大体表现为：长江以南资源充沛，长江以北水资源匮乏。但是也需要认识到，长江以南虽然是水资源丰富，但部分人口稠密地区由于河流水污染和湖泊富营养化等，水质不符合要求，也存在水资源短缺的问题；而北方地区，因生态环境脆弱、经济发展水平较低等导致经济用水主要取自当地的生态水，从而造成水资源短缺问题进一步加剧。

我国森林覆盖范围较小，资源总量并不乐观，并且存在着区域分布不均衡的现象。据统计，20世纪末，我国森林面积大约为1亿公顷，人均面积尚只有0.1公顷。而世界森林面积总值为40亿公顷左右，人均面积更是达到了0.8公顷，我国森林覆盖率较低，不足13%，而世界平均水平高达31%。所以，需要重视并强化对森林资源的全面保护。但是，近些年来，我国很多地方为了追求经济发展，森林资源被过度开采，加之利用不科学，造成森林资源日益减少，对我国生态环境造成了极大的破坏。在城市化进程持续推进的今天，生态建设的空间被大幅压缩。政府应严格要求各部门防守林业生态红线，通过各种手段和方法加强对森林资源的保护与治理。

我国生物物种资源较为丰富，物种多样化的特征较为明显，但是在谋求经济发展的过程中，由于缺乏对物种资源的保护，部分生物资源受到了严重破坏，甚至有些物种已彻底从地球上消失。现阶段，我国正着力推进城市化建设，导致生物多样性面临着极其严峻的挑战。

三、农村生态环境存在问题的原因

（一）高污染企业的集中

在提高剩余价值这一问题上，资本主义往往会选择继续扩大规模、加快生产，对有效自然资源进行充分完全利用，使其增强资本主义工业化生产效能，实现更高利益。但是该做法会致使人和人之间不平衡发展，人与自然的关系不断恶化。这种工业化生产模式对自然生态环境有着严重的不利影响。相关学者在多次研究后发现："在已经异化的资本主义生产手段、生产力影响下，人类通常会不节制地开采利用自然资源，从不考虑自然资源是否有限、是否会再生，人和自然之间的物质变换、循环活动也被大肆破坏，这对人类的发展、生产事业带来了极大威胁。"

部分城市高污染企业向农村转移，给农村生态环境造成了污染。如河南某乡镇里，有40多家以木材加工业和陶瓷产业为主的企业，其中16家达到中规模以上，这些企业推动了当地经济的发展，但也带来了工业污染，污水、工业废弃物等对当地的环境造成了巨大损害。就陶瓷企业说，近年来，该镇所在地的县政府和环保局出台了多项强有力的政策，责令关闭部分高污染陶瓷企业，落实"返城还园"和"煤改气"政策，几乎所有幸存的陶瓷厂都成功地进行了改造和升级，大大减少了空气污染。但一些老企业在生产中仍存在能耗高、产能低、生产线陈旧等问题。它们的空气污染物排放仍然超标，产生污染的能力不可低估。此外，工业基地搬迁涉及大量资金问题，如土地购买、设施配置、厂房建设等。因此，很少有工业企业真正"出城入园"。由于资金消耗过多，这些大型、高产能的工厂仍然维持现状，因此，仍然可以看到许多工厂在乡镇道路两侧运营。工业园区也刚刚规划在乡镇管辖范围内。虽然不属于农村污染范围，但是农村的生态环境仍然受到这些工业废水与污染气体的影响。这归咎于当地政府相关部门对企业的改造不到位，对企业的处罚力度不足等。同时企业资金有限，未能及时更新环保设备，也是造成环境污染的原因之一。污染源尚未完全控制，农村的自然环境也无法从根源上恢复健康。

纵观我国乡镇现有的企业，一般都会产生废渣、废水或者废气等对环境有害的物质，如造纸企业、玩具制作企业、食品加工企业以及矿石采集企业。一旦污染物质、有害气体等污染物排放到环境中，会对大气和水体造成危害，进一步对环境和人体造成损害。某些乡镇企业针对环境保护问题，呈现着"心有余而力不足"的现象，资金和人才的缺乏致使这些企业难以达到环保生产标准。乡镇企业的发展经历了幼年期、成长期后，在经历沉痛的环境教训后，才逐步意识到环保的意义。虽然企业经营管理者明晰环境质量关系企业的发展前途，更关系着自己的产品质量，但是，从目前乡镇企业的发展看，想要达到环保标准，为农村环境保护做出贡献，还需要很长一段时间。

（二）环保意识的淡薄

污染产生的源头是人类生产活动，农村居民是农村污染物形成的主导因素。部分农民对于环境保护相关知识知之甚少，缺乏环境保护意识，部分人员甚至对于环保这个词语感到非常陌生。除此之外，在开展环境保护工作过程中，一些农民产生了错误的思想，认为环保是城市中的问题，只有工业生产需要环保，环保与自己没有关系，没有必要进行关注。根据《中华人民共和国环境保护法》，各级政府是提高农村公共环境水平和农村污染防治的责任主体，但相关政府部门对于农村环境保护的宣传仍存在落实不到位的情况。由此可知，部分农民较低的环境保护意识及政府的环保宣传工作不到位，加大了环境保护工作难度，增加了出现环保问题的概率。

（三）人与劳动的异化

马克思认为，人是凭借着生产劳动而与自然进行着物质、能量和信息的转换的。但资本主义私有制及其特有的生产方式使得自然界与人类社会在进行物质变换的过程中出现了人与自然关系的异化。在资本主义制度之下，资本家为追求原始资本的积累，对水、土地及矿产资源进行抢夺，通过对原材料的加工生产及对劳动力的剥削，实现对剩余价值最大化的榨取。这种掠夺式的生产，导致了人类生存的异化现象，使人与自然走向对立。

"消费异化"理论就是随着功利主义的思想发展的，它将人的异化劳动极端化。马克思提出，人对物质的渴求，在异化消费中得到了强化与满足，大自然屈从于人类的商业规则，自然资源商品化，这将导致生态危机的发生。资本主义经济社会逐渐重视生态危机，杜绝其发展成更严重的社会危机。异化消费并不会为消费者带来满足感，而是会让消费者感受到充盈的虚荣感。消费观念必然跟随收入的提高而变化，盲目消费、攀比消费现象极易滋生，理性的消费越来越珍贵。非理性的物欲消费观却极易发生，如物权主义与拜金主义等。部分乡镇农村的消费变得越来越异化，既造成了大量的农村资源浪费，又破坏了农村生态环境，给环保工作带来巨大压力。农村环保问题的主要根源在于掠夺式的生产方式、侵略式的自然资源索取、环保意识的低下，造成的结果就是以环境效益换取经济效益。比较的趋势在农村十分流行。无论是房屋面积还是汽车售价、排量都远远高于农民的需求。此等异化性消费为农民施加了一定的压力，而且还造成了资源浪费和环境污染现象。

（四）人与自然的矛盾

马克思认为，资本主义社会中的矛盾，根源在于人与自然的矛盾。人与自然生态的失衡，内在原因在于人与大自然之间产生了矛盾，资本主义社会的私有制要求经济效益最大化，必然会导致人对自然的错位处理。

资本主义追求剩余价值的最大化。全世界经济交往日益密切，在生产方面，资本主义国家选择经济刺激的生产方法来榨取更多的剩余价值；在消费方面，资本家宣扬异化消费理念，如"超前消费"等来引导消费者。结果必然是生产方对自然资源的大力争夺，导致人与自然之间的和谐关系破裂，从而产生大规模的环境污染。针对这一实际情况，我国应当尽量避免资本主义私有制之下的人与自然生态的异化，促进工业化发展，加快城镇化进程，运用科学有效的资本手段发展社会主义市场经济。

如今，村民的生态意识可以分为以下几种。一是对自己行为认识的误判，即很多农民认为自己许多污染环境的生活方式是正常的，不能充分认识到自己的行为会对环境所造成影响，认为自己的行为在环境的自愈能力之内，基本不会影响生态环境。二是他们不能充分信任政府采取的治理措施。三是村民的参与不足。他们不仅对通过有效渠道参与环境治理缺乏一定的了解和清晰的认识，而且忽视了地方政府、地方社会组织和志愿者对环境保护和治理的宣传报道。他们没有把生态环境现状与自身利益联系起来。长期以来，农民始终认为，处理是政府领导干部和城市居民的事，与自身无关，自身实力较弱，所以，他们不能很好地监督政府部门和污染企业，并在处理系统中长期处于边缘地位。四是当地农民不了解环境信息披露的法律和相关法规。尽管"环境暴露平台"的建立已经对最新、最关键的污染信息进行了披露，但许多农民获得的环境信息仍然取决于他们自己的感受。但是，如果普通人可以亲身感受到环境对自身利益的损害，那么生态污染造成的环境后果其实就已经相当严重了，很难再全面开展环境治理。少数生态意识强、文化素养好的村民经常通过电话投诉向相关平台反映自己的问题和意见，但他们在长时间的等待后也没有看到相关部门整改此类问题，导致一些农民认为政府对环境保护空有政策、难有行动，也降低了农民参与环境保护治理的积极性和主动性，在一定程度上影响了农村生态环境的治理效果。

第三节　农村生态环境保护策略

一、农村生态环境保护的必要性

（一）实施乡村振兴战略的现实要求

生态振兴是乡村振兴的关键环节。党的十九大报告正式提出"实施乡村振兴战略"。乡村振兴的总要求包括了生态宜居。2018 年发布的中央一号文件提出，到 2035 年要实现农村生态环境根本好转，到 2050 年实现包含农村美在内的乡村全面振兴。

2022 年发布的中央一号文件指出，要实施农村人居环境整治提升五年行动以及村庄清洁行动、绿化美化行动。生态宜居，贯穿乡村振兴战略实施全过程。反映了新的历史起点上，农民对优美生态环境的需求。

农村生态环境治理是乡村振兴的强力支撑。改革开放以来，随着城镇化和农业、农村经济的迅速发展，农村生态环境问题日渐严重，其中一个重要原因就是农村生态环境治理不到位。当前，我国农村生态环境治理总体水平不高，农村生态环境出现的问题制约了我国各方面实现高质量发展的步伐。与此同时，农村生态环境治理出现的问题也制约了我国建设美丽乡村的步伐，延缓了实现"两个一百年"奋斗目标的速度。以上问题，迫切需要农村生态环境的有效治理。农村生态环境治理对于创造优质的人居环境具有重要作用。换言之，保护好人民群众热爱的"绿水青山"、为乡村振兴建立生态屏障以及实现农村社会的全方位振兴，有效的农村生态环境治理是基本前提。

（二）实现农村现代化发展的内在需要

特别是进入新时代以来，农村生态环境治理是党和国家实现农村现代化的一个重要方式，有助于维护农村居民平等享有生态权利、满足人民群众对优良生态环境的美好需求，有助于推进新型城镇化建设以及城乡一体化进程[①]。党的十九大提出，要建成生态宜居、治理有效的现代化农村，必须加快农业农村现代化。

一方面，农村生态环境治理是建设生态宜居的现代化农村的基础工程，是农村发展的隐形基础保障。农村人居环境的整治提升是农村现代化的内在要求。除此之外，农村生态环境治理所涉及的内容也是实现我国现代化治理目标的一部分。农村生态环境的有效治理能在减小城市与农村差异的基础上，进一步推动农村朝着现代化方向迈进，进而为社会治理的现代化发展提供现实平台。

另一方面，农村现代化能促进农村生态环境的良好治理。我国地大物博，自然生态与传统的乡村文化一起构成了我国珍贵的人文资源和自然资源。正是这些资源，给农村生态经济发展、农业现代化以及人们的休闲娱乐提供了丰富的物质条件。与此同时，在农村现代化的过程中注重对资源的保护和利用，一定程度上能提高农村生态环境的治理成效。另外，农业现代化的进程中，农村居民改变生产生活方式以及提高环保意识，也会进一步促进农村生态环境的有效治理。

（三）新时代生态文明建设的重要内容

习近平总书记指出，从"村容整洁"到"生态宜居"反映了农村生态文明建设质的提升。[②]进入新时代，我国的社会主要矛盾发生了转变，从侧面表明了我

① 尹俊.生态文明建设攻坚期农村生态环境治理的思考［J］.连云港师范高等专科学校学报，2019，36（04）：41-44.
② 习近平.决胜全面建成小康社会夺取新时代中国特色社会主义伟大胜利——在中国共产党第十九次全国代表大会上的报告［M］.北京：人民出版社，2017.

国人民对建设美丽家园的追求。因此，农村生态环境的良好治理具有极强的时代价值，并且它与新时代生态文明建设密切相关。

一方面，新时代生态文明建设为农村生态环境治理指明了方向。农村生态环境污染严重、农村生态文化建设落后以及农村环保制度不健全，这都是我国农村生态文明建设亟须解决的问题。进入新时代，我国农业农村发展环境发生了变化，更是面临诸多挑战。新时代生态文明建设能推动人、自然资源与环境的良性互动，促进农业生态化。一定程度上，新时代生态文明建设为农村生态环境治理提供了有益的实践经验。推进新时代的生态文明建设，是解决生态困境以及建设美丽中国的有力举措。从某种程度上讲，推进新时代生态文明建设为人民群众的生活环境质量提供了重要保障。

另一方面，农村生态环境治理是推进新时代农村生态文明建设的有力环节。农村生态环境的科学治理，能有效转变农业生产方式、人们的生活方式，推动建设生态文明以及建设美丽新农村。可见，农村生态环境治理为新时代生态文明建设提供了一定的前提条件。

二、农村生态环境保护的策略探讨

（一）提高公众的环保意识

1.调动各主体的积极性

乡村居民是乡村生态环境治理的主力军和实践者，乡镇企业的生态主体意识也是乡村生态环境治理的主要动力，两者都是乡村生态环境治理的利益创造者和受益人，但目前，由于各主体在乡村生态环境治理中没有主人翁意识，造成对乡村生态环境治理监督的责任意识不足。

一方面，对于乡村居民来说，想要调动其积极性必须先要让其深刻认识到乡村生态环境治理不是一个空洞的话题，是与其生活息息相关的。反之，如果政府没有调动好乡村居民在乡村生态环境治理中的主人翁意识，以后的乡村生态环境治理工作将很难有序推进。不仅要培育乡村居民的保护意识更要号召其参与到乡村生态环境治理的过程中来，除加强各种法律政策的宣传之外，也要带动其参与到乡村生态环境治理的各个环节中来。

另一方面，企业在乡村生态环境治理中也发挥着十分重要的作用。帮助企业摆正其在乡村生态环境治理中的地位，对乡村生态环境治理工作十分重要。因为乡镇企业拥有资金的优势，还有较好的独立管理模式和技术，很多优秀的环保型企业可以利用其已经较为成熟的模式和经验来协助政府共同进行乡村生态环境治理，打造协调共治的模式，这不仅能提升其自身的影响力，也能为政府分担压力。毋庸置疑的是，很多乡镇企业的工业污染程度十分严重，要让其改变用环境换取企业经济效益的理念，帮助乡镇企业明确职责、合理规划，让其认识到自身不仅是乡村生态环境治理的执行者更是受益者。所以，应从严规范好公司所有的指标，并使之进行监控，特别对部分污染严重的公司，当地政府应立即进行整顿并关停。乡村的经济发展与生态环境治理之间的关系始终是互补的，只有建设好绿色乡村企业，才能更好地进行乡村生态环境治理工作。

2. 开展宣传教育工作

可以从以下三个方面加强环保宣传和教育。第一，政府组织开展法律知识专题宣讲，邀请司法局干部来每个行政村开设法律知识专题宣讲，如《畜禽养殖业污染排放物标准》《中华人民共和国固体废弃物污染环境防治法》等。第二，在辖区内的学校，由老师对学生开展环境保护教育，从教育孩子抓起，把环境保护知识转化为公众的环境道德素养，提高公众的环境道德水平，把保护环境逐渐转化为潜意识，让公众形成对环境友好的行为习惯。第三，政府组织村干部利用广播宣传，在村民微信群推送消息，通过分享因破坏环境而触犯法律，最终受到法律制裁的案例来进行警示教育宣传活动。

在治理过程中，村民参与治理环境的地位在过去是被低估的。村民之间有着亲属、宗族等血缘关系，其家族内部的管理方式与现代社会法制管理结构有着根本的不同。多元主体协同治理中需要改变政府"一管到底"的思想，将村民自治自管的积极性调动起来，树立"共建、共享"的参与意识，充分发挥家族聚集管理优势，缓解政府的管理压力。

3. 践行绿色评比理念

乡村生态环境治理最需要重视的一个方面是乡村基层组织。乡村生态环境治理进程也是一个乡村基层组织观念转变的过程，在这个过程中，理念在乡村基层组织与居民的交往过程中日益重要。

乡村基层组织的日常工作需要与乡村居民直接接触，基层组织成员的一言一行都是未来村庄和乡镇发展的风向杆，在乡村群众中具有指导性和示范性。因此，在落实乡村生态环境治理的具体工作时，对乡村基层组织的绩效评价也要运用一定的具体可操作的评价方法，要对各项乡村治理工作的量化指标和评价标准进行具体的细分，结合乡村基层组织的各项职能进一步确定其具体的绩效目标及其实践的程度，要对乡村生态环境治理的基层组织进行综合性评价。尤其是乡村生态环境治理绩效评价，其实也就是将乡村生态环境治理的各项实际工作与其他要求标准进行挂钩考核的过程，并要在其基础上建立独特性。首先要保证基层干部的治理理念。培养基层乡村干部的绿色发展理念，只有乡村基层干部的理念落实到位才能带动乡村群众转变思想观念。通过定期召开乡村生态环境治理工作讨论会，调动乡村群众的积极性，集思广益，共同探讨乡村生态环境治理的推进工作。践行"绿水青山就是金山银山"的发展理念，建立绿色绩效评比制度，丢弃用环境换取发展的错误观点，"绿色"发展才是硬道理，实现经济与环境两手抓，鼓励干实事，出成果，通过这种新的模式，能更好地调动优秀的基层工作者的积极性，引领群众走上正确的道路。还要定期组织考察与培训，丰富乡村基层干部对乡村生态环境治理工作的知识储备，也可以到其他先进的地区进行学习，取长补短，融合地方优势，制定适宜的治理方案。一直以来，乡村基层干部的受教育水平不够高，思想观念保守，使得其无法及时理解新政策和新理念，更无法及时准确地传达给村民。所以也要提高其理解能力，这样才能更好地做好乡村生态环境治理的各项工作，只有通过与"绿色"考核评比相结合，乡村生态环境治理的工作才能有序推进。

（二）创新运用生态治理手段

生态安全关系人民群众福祉、经济可持续发展和社会长久稳定，是区域发展的重要前提和保障，随着国家经济的飞速发展，农村生态环境问题日益凸显，如何破解难题，需要用现代化农村生态环境治理手段，提高治理效能，以绿色生态发展理念，推动区域高质量发展。

1.建设智能基础设施

（1）智能设施方面

首先，大力推行病虫害绿色防控体系等设施在智能化环境保护设施方面的应用，在田间构建智能化、自动化监测网点，建立关于病虫害的预警监测体系。其次，基于现有的移动互联网信息技术、云计算、大数据、物联网和智能农业设施应用，加强对农业生产管理自动化、精准化的推动。最后，在环境治理配套设施、垃圾填埋场选址、各类污水管网埋放方面要全面结合各个村庄的特点，立足地方特色，综合考虑经济发展、居民分布、民心民意、资金安排、治理状况、地形地势等多方面因素，制定出合理有效的模式并进行推广和运用，以此来提高和实现绿色农业的发展之路。

（2）治理人才方面

为积极推进农业产业的创新发展，大力鼓励年轻人返乡创业、就业，将他们的创新型观念、创造性思维与当地农业知识相融合；同时，对当地农户的农业技术进行专业性培养，积极塑造一批农业技术专业型人才，这样才能更好地操作现代化智能设施设备，并多方面激发当地农户在家乡建设方面的自主性、积极性，实现环境监测、治理等方面的可持续运作。

2. 推广绿色农业生产

近年来，由于一线城市的虹吸效应，大批大学生落户城市，农民工去城里务工人数增多，这给农村地区的农业生产敲响了警钟，驱使农业生产向工业化、系统化、规模化的方向发展。

政府要坚持走生态优先的道路，实施面源污染治理、水土共治、绿色有机生产"三大工程"，构建以绿色为标准的生产体系。全面可持续提升全域耕地质量，建设以依托农业综合开发、高效节水灌溉为标准的农田，全面有序推进有机肥替代化肥、生物防控替代化学防控、机械化电子信息化替代传统农业耕种生产方式。同时，要强化农业科技在农业方面的支撑，深化企业院校与农业的融合发展，提升新模式、新技术、新品种在农业上的创新驱动能力。建立及推广具有地域优势的地理标志认证，增强绿色食品、有机农产品等优质产品供给力度。要坚定以生产根源上的改变来实现环境保护，指导农民建立以生态经济、绿色经济为标准的全生态经济产业链条，大力发展现代高效农业。例如，在农业产业园区中，要全面集中、优化种植、生产和加工等不同环节，合理对产业园进行集中、统一的规划管理，从源头上实现种植、生产、加工、销售等一条龙无害化管理和服务。这不仅能完善和延长农业生产产业链条，而且在生态农业实施方面提供了有力保障，既能通过减少化肥、农药的使用来为无公害、绿色生产保驾护航，也能实现秸秆还田，依靠生物防控措施进行病虫害防治，真正实现现代绿色农业的生态化、多样化和产业化发展。

3. 加大资金扶持力度

在农村生态环境建设上应该加大资金扶持力度，做好财政预算，保障生态本底建设，全面争取专项资金支持，鼓励各部门重点申报国家、省市各项与生态环境有关的专项建设资金。另外，在垃圾处理、废物回收、城镇污水排放处置所产生的费用中，要制定翔实、合理、合规、贴合民意的服务和使用收费制度，切实保障机制的合理运行。同时，政府要建立优良的资金管理制度，修改、调整当前的财政费用结构，将保障生态环境领域的资金合理运用到具体需要的地方。

政府要多方面、充分调动全社会的积极性，鼓励各类投资主体和不同经济成分以多元化、多形式等方式参与到农村生态环境建设中，积极配合建立政府引导、社会参与、市场运作的多形式投融资体系和在社会资本投入下的生态环境保护市场化机制。同时，全面推进环境污染等第三方治理，在环保设施市场化运作、污水排放集中处理、垃圾合理化填埋等方式中，建立多样灵活、因势利导的可持续发展政策，充分展现、发挥市场各主体在生态资源配置中的正向、积极、主动作用。

4. 推广现代科技农业

现代绿色农业科技的创新机制在当前国内农村生态环境治理中尤为重要。因此，要充分利用绿色生态农业和创新科技两者之间的关系，强有力发展现代绿色农业科技在农业创新发展、农村生态环境治理中的中坚力量。

（1）全方位引入现代农业科技技术

应综合当地实际情况，全方位、有效性地宣传和引入现代先进的绿色农业科技技术，走科学治理生态环境的科学道路，引导和鼓励农民群众走生态养殖、有机种植等绿色农业发展道路，推动全域农业向有机、生态、循环方面发展。

（2）建立智慧农业面源污染监测体系

一方面，要依托现有的物联网技术，全面改造提升末端传感器等监测设备在精确度、灵敏度等属性方面的监测水平，获得更加完备的监测数据；另一方面，要合理利用人工智能和大数据在数据整合、数据分析方面的优势，开展数据精准预测和分析，同时再结合区块链防数据篡改的技术特点，保证数据的真实有效性。

（3）注重提升现代信息科技的生态效应

首先，要根据实际情况全面研判农村生态环境的具体特征，积极引入大数据、人工智能、云计算等新兴科技，建立以生态效应为主的信息科技指挥中心，形成以县级为指导，乡村实施运用的生态环境治理体系，全面发挥大数据在生态方面的分析指导优势，推动生态系统网格化。

其次，在消费结构的建立上，要优化、整合现有的生活资源及能源，制定合理的消费结构。在农民日常生活中融入科技创新理念，加快农村生态环境治理舆情反馈体系的构建，在制度和理念的保障下，全面建成宜养、宜居、自然、生态的居住与生活环境。

135

（三）完善农村生态环境治理的保障机制

1. 充分发挥政府的主导作用

在多主体协同治理理论中，有一个治理主体是占主导地位的，那就是政府。在农村生态环境治理中，政府不但在整合社会资源时占有很大优势，而且还掌握着这个社会的公权力，有各方面的法律法规提供强制性依据和保障。政府要在农村生态环境多元主体协同治理中发挥好它的角色就要及时转变政府职能，完善考核体系，将其主导作用在平等对话的框架内充分发挥出来。

（1）完善治理制度

只有在法律法规中明确公众参与农村生态环境治理的权利、形式和内容才能使得公众的权利得到保障。在环境治理工作中，做到有法可依。政府可依据《中华人民共和国环境保护法》《中华人民共和国水污染防治法》《中华人民共和国河道管理条例》《中华人民共和国固体废弃物污染环境防治法》《畜禽养殖业污染排放物标准》来制定符合实际的治理生活生产污水污染，整治河道破坏，处理生产生活垃圾等各方面的政策，完善在农村生态环境治理方面的制度。

（2）转变政府职能

在多主体协同治理的过程中，政府不再拥有绝对的支配权，而是开始在治理体系中发挥引导和协调的作用，引导其他主体共同发力参与环境治理，充分发挥治理能力在环境治理中的作用，并且还要接受其他治理主体的监督。一直以来，在农村生态环境治理工作中，政府是唯一的主体，在这样的治理模式下，治理成本高，政府感到压力很大，但是治理效果不是很明显。因此，政府要转变工作方式，将多元主体协同理论引入工作中来，发动农民和当地的乡镇企业参与到农村生态环境治理工作中来，在以后的工作中，当发展到一定程度时，引入社会组织参与农村生态环境治理，这样政府只要发挥好其引导和协调作用，就能在多元主体协同治理的体系下，推动农村生态环境治理工作的开展，提高治理效果，助力乡村振兴战略的实施。

（3）完善绩效考核机制

在我国，许多地方政府为了追求经济的发展，在想方设法提高 GDP 的路上越走越远，有些地方甚至以环境为代价去追求 GDP 的增长。为了改变环境破坏日益严重的局面，很有必要将环境治理纳入政府绩效考核中，当环境治理与晋升相挂钩，就会转变政府主体的绩效观，引起其对环境治理的重视。对在环境治理中的不作为或者慢作为的政府官员实行行政问责，转变政府主体在环境治理中的工作作风。应该建立起一套完善的考核机制，由政府统一领导，组成环境治理考核工作组，以行政村为考核单位，负责人为支部书记和驻村干部，划分各单位环境治理区域，因地制宜，明确环境治理区域的标准，确定奖惩措施，建立起考核体制，坚持不定期与定期考核相结合，公开考核内容，通报考核结果，限时整改，实施整改"回头看"，并在全镇范围内进行排名通报，实施奖惩机制。

2. 充分发挥社会组织宣传、监督、协调的纽带作用

社会组织在环境治理过程中发挥着宣传、监督、协调的纽带作用。充分利用社会组织的力量，能够弥补其他主体在农村生态环境治理过程中的不足，解决其他主体在农村生态环境治理工作中无法解决的问题。社会组织应充分利用自身的灵活性，打破传统的被动参与模式，并通过民间组织的形式和规模优势，为政府提供农村生态环境治理的直接信息。

在多主体协同治理中，首先，政府应将社会组织纳入生态环境治理结构，出台相关法律法规，保护其合法权益。其次，政府应在资金、技术、政策等方面给予社会组织一定的支持，使其充分发挥对环境治理和各类环保主体的监督作用。再次，社会组织要广泛与企业合作，在争取资金帮助的同时，要加强监督企业的污染行为。最后，社会组织要进一步加强与农民的交流与合作，从农民手中获取农村生态环境治理的第一手资料，充分利用科学技术进行环境检测，监督政府、企业和农民的环境治理行为。分散的个体没有凝聚力、影响力，对环境保护的参与也是间歇性、随意性的。如果农民拥有自己的社会组织，就有了民主参与的社会基础和组织保证，这样才能不断提高对环境保护工作的参与度、话语权。

3. 引入科技助力环境治理

当前，政府依然是我国生态环境治理的最重要主体，其他治理主体的功能在环境治理中尚未发挥出来，导致生态环境治理效果不理想，而且增加了政府治理的成本，造成了政府环境治理效能较低的现象。而通过充分发挥市场的调节机制能改善这种局面，不但能降低政府成本，同时能提高环境治理效率。利用科学技术，改变以往的生产方式，扩大再生资源范围，提高生产资料利用率，尽可能多地生产出可再生产品，实现废弃物的再利用，实现农业生产的清洁化。

（四）健全农村生态环境保护的监督机制

1. 加强环境执法监督

环境执法权是否能够得到有效行使将直接关系到环境执法质量和效率，若缺乏严谨完善的监督机制，那么可能会出现执法不公、执法粗暴等情况。所以，有

必要构建起一套完善严谨、规范可行的环境执法行为监督制度体系，不仅包含了国家、民众对环境执法行为的全面严格监督，也需要执法机构自我监督，实现自我监督和他方监督相结合的监督体系。其中，自我监督尤为重要，若环境执法机构内部没有构建完善严谨、规范可行的环境执法监督制度，那么外部监督就徒有形式，根本无法发挥相应的监督效能。

关于行政执法监督的原则及方针，现如今还未形成统一的立法规定。不过，得益于人民政府等相关机构的不懈探索和持续努力，现已构成了较为完善可行的行政执法监督制度，并以行政规章等形式对其进行有效规范。关于环境行政执法监督制度主要涉及环境行政规范性文件的备案制度、环境行政执法工作报告制度等。

2. 加强公众监督

当前，民众的环保意识明显增强，对环境污染事件较为敏感。民众参与环保监督不仅有助于保障民众的基本权利，也能够激发民众的责任意识，与行政机构协同合作共同应对和处理环境污染治理工作过程中面临的各种威胁与挑战。环境保护并非只是国家政府的责任，也是广大民众发挥力量的重要事业，环境保护工作的开展高度依赖于强大的民众力量。

当前，环境评价的地位不断提升，环评法进一步扩大了环境评价对象的范畴，同时将环境评价规定为审批规划的重要先决条件，将环境评价纳入审批范畴，只有通过环境评价才有机会参与后期竞标。因为环境评价是否达标直接关系到项目运营后是否会对环境造成危害。严禁环境评价方面存在任何弄虚作假的行为，鼓励并引导广大民众积极参与，充分发挥监督作用。

在环境治理体系中，社会组织与广大民众均是不可或缺的重要力量。构建民主规范、科学合理的利益相关方协商机制，要求政府针对环境治理问题下达方针、制定政策时全面听取广大民众、不同利益方的心声，在协商、谈判等一系列活动的开展中促使各相关方形成统一共识。此外，应在现行法律环境下进一步优化社会组织的起诉资格及适用条件，引导符合要求的社会组织充分发挥作用，积极提请环境公益诉讼，促进环保法律政策得到有效贯彻及全面执行。民众参与度的高低将直接关系到污染防治攻坚战能否取得良好的成效，要重视并强化对民众环境保护知情权及监督权的有效维护，调动起民众的参与积极性，促使其在环境污染防治工作中发挥积极作用，引导各方力量拧成一股绳，共同打造美丽新农村、美丽中国。

（五）完善农村生态环境多元共治

1.强化角色定位，发挥各主体作用

（1）提升政府主导效能

关于政府在社会治理中应担任的角色问题，学者们提出了不同的观点，总体来讲分为以下三种：大包大揽的"管家"角色；自由放任的"守夜人"角色；介于二者之间的元治理角色。结合中国语境，长期以来，政府在党的领导下主导农村生态环境治理工作，掌握着关键资源，是当前最主要的力量。在农村生态环境共治体系下，建立党委领导的"一主多元"主体结构，政府的主导作用不应该被弱化，而应该是基于角色定位要求，进一步转变职能以提升主导效能。

（2）发挥企业优势

随着我国环境治理制度的改革，生态环境污染治理逐步纳入市场轨道，企业既是制造环保问题的主体，也是促进环境治理的主体。将企业在生产过程中的排污行为列入固定污染源范畴，在"谁开发谁保护，谁污染谁治理，谁破坏谁恢复"的生态环境保护原则下，企业不可否认地成为生态环境治理的关键主体。但对于以追求利润为目的，特别是对于经营规模小、技术水平较低的乡镇企业来说，仅通过自律及自身技术改造来开展治理，难免出现压力大、见效慢、动力不足的问题。

因此，在农村生态环境多元共治体系下，企业除了通过提高参与治理的自觉性来承担相应的治理责任，也需要作为农村生态环境治理的生力军，重视与政府和其他社会主体的合作，更好发挥市场在资源配置中的作用。

（3）强化村民主体力量

村民和村委会在本地生态环境治理中具有天然主体优势，农业、农村、农民三者相互影响，生态环境质量的好坏关乎村民最直接的利益。政府相关部门、村镇负责人等群体代表在交谈中，都肯定了村民在农村生态环境治理中拥有最根本的利益相关者、最前端的监督者、最直接的践行者地位。在乡村振兴战略下，村民除了应在生产生活中承担起防治环境污染与保持生态平衡的责任，还要作为利益共享者参与相关民主决议，并借助前端优势开展有效监督。

（4）搭建社会组织桥梁作用

社会组织具有较强的社会活动能力，能在农村生态环境治理中寻求更多外部合作者。同时，作为专业性组织，环保组织可以提供更专业的知识和更为多样化的技术指导。在农村生态环境多元共治体系下，社会组织应该在搭建参与平台、营造绿色环保气氛、参与环境决策、扩宽社会监督等方面发挥作用。

2.完善多元协同机制，增强共治成效

（1）构建联系紧密的合作网络

多元主体在形成共治关系的过程中，进行了在多主体、多层次和多领域中的网络行为抉择，从而塑造了复杂的网络关系与结构。在农村生态环境共治的过程中，各方主体都有其特定的角色，在发挥角色作用的基础上，则需要构建紧密联系的合作网络形成集体行动，政府、企业、村民与村委会、社会组织等主体作为网络节点，运用不同的治理工具和方法，形成纵向"多层治理"和横向"伙伴治理"的网络关系。纵向"多层治理"关注各级党组织，共同织密组织网络，不同层级政府在党的集中统一领导下，根据权责承担属地生态环境治理的责任，横向"伙伴合作"关注政府引导其他治理主体参与到治理中来。

（2）健全多元共治合作平台

农村生态环境共治的过程中，虽然多方主体为同一个目标或任务而努力，但仍然保有自身的利益诉求，如果信息公开和利益诉求表达渠道不畅通，将难以破解集体行动的困境。农村生态环境共治网络，需要在不同主体将合作倾向转化为一致行动的过程中进行网络连接，可以借鉴安吉县设立乡村绿色治理委员会，罗江区建立邻里乡亲互助会、村民议事会议等先进经验，建立管理规范、形式多样的共治共享平台。

（3）完善多元主体民主协商

协商民主在整合群体利益、强化民主监督以及提升决策效能方面具有独特的优势，协商民主所突显的平等互惠、理性协商、增进共识等核心理念与农村生态环境共治公平化、有序化、规范化等要求高度契合。构建政府、企业、村民、社会组织等主体在农村生态环境治理中的良性互动关系，在明确治理主体和治理结构并拓展参与平台之后，要进一步推动协商治理过程的优化。

（六）助力农村生态基础设施建设

1.推动"因地制宜"基础设施建设

农村生态环境治理的基础设施包括了生活、生产、建设等各方面的基础设施。加强农村生态环境治理基础设施建设有利于提升村民的各项收入，能进一步缩小城乡之间的差距，从而进一步推动农村城镇化。

尽管当前农村生态环境的治理在基础设施建设方面都已投入重金，不过，随着农村经济社会的不断持续发展，农村生态环境治理的难度愈来愈大，农村生态基础设施的不健全导致农村生态环境治理的项目很难接续实施。只有基础设施不断完善，农村生态环境的治理工作才能迈上新的台阶。农业环保基础设施的建设要达到理想的效果离不开资金的投入，资金的投入在很多方面都起着重要的作用。优化城市配套设施建设，必须因地制宜，要依据区域、地形、经济社会发展水平等合理因素，进行综合分析，联合治理。政府单独凭一己之力显然不足以实现可持续发展，更重要的是调动周边居民的主动性。而对于污水排放量大、地形复杂多样的地区，可根据实际情况，分散管理，建立排水管网对污水进行统一收集。

2.加强生态循环性基础设施建设

（1）加大政策扶持，完善制度标准

充分运用好政府当前已颁布的各项政策，地方政府部门应在辖区范围内设置专业的处理系统和预处理站点，在乡镇积极进行农村垃圾的回收利用工作，并引进各种环保设施，引导农户尝试进一步发展循环水栽培等。同时，地方政府部门还应逐步完善政府补贴政策，对相关农户予以必要的经济扶持。对农村循环经济发展予以必要的相关政策指导，设计一个科学完备的农村循环经济评价指标体系，并形成配套的评估考核制度。

（2）强化科技驱动，推进工程建设

通过加大对科技方面的投入，提高农业资源利用率，减少废弃物的排放，发展农业循环经济，发展优质绿色农产品。通过政府联合企业的合作模式，集结各方面的优秀科技成果，着重发展先进技术，对高校或者企业的各项有发展潜力的优秀成果进一步给予政策支持和资金奖励，进一步推动优秀成果能落实到农村生态环境治理中去。对减少农业废弃物与和污染的各项技术要及时更新，适应各地的不同特点。

（3）创新组织形式，健全服务体系

对于已达到一定规模的家庭种植业和养殖合作社，政府部门要搭建一个平台鼓励不同模式的合作，创新性地促进农业产品的循环利用。标杆企业要充分发挥其领导带头作用，率先探索循环经济模式，创造合理的组织架构，更新技术。寻找专业的机构让其在规划、管理、营销多个方面提供帮助。

3.倡导"需求主导"型基础设施建设

农村生态基础设施的建设也面临着复杂多变的环境问题，所以要特别注意不同区域的村镇所面临的问题不同，并要针对不同村镇的各自特点，采取"自下而上"的方式进行需求分析。

在农村生态环境治理的整体过程中，我们经历了一个了解农村居民"需求"的曲折过程，也因此而付出了大量的"学费"。虽然一些农村生态基础设施建设看似表面上满足了一些"需求"，但经过一系列的乡村具体实践后，在农村生态环境治理方面也并没有多大的效益产出，反而变成了一系列纯粹的计划实施。因此，农村生态基础设施要满足的"需求"，应不仅是农村居民的大部分需求，也应是局部的"需求"，要从各地居民的自身利益出发提出相关的具体"需求"。

"需求"的主体毋庸置疑是村民。明确需求主体的主次关系，许多问题将迎刃而解。必须针对具体的现实状况运用不同的管理措施，以选择最适宜的经济发展规划与目标。制订规划和目标时不仅要充分考虑本地村民的实际状况，还要咨询有关的专业技术人员，并分级进行总体布置，使之具备科学性、合理性和可操作性。一是在农村生态基础设施建设的全过程中，要实现信息的公开化。信息公开透明是村民积极参与农村生态环境治理的前提条件。农村基层组织要及时定期地将农村生态基础设施建设的各个方面情况都公之于众，使村民更清楚地知道当地农村生态基础设施建设的进程。二是定期举办各地的农村生态基础设施建设讨论会议，包括有关农村生态基础设施建设的知识讲座并对农村其他具体问题信息进行收集。虽然村民一般比较熟悉当地生态基础设施建设的状况和要求，但是因为部分农户的受教育程度较低，所以需要为其进行专门的认识训练，以期进一步提高政策实施的效果。三是鼓励积极参与农村生态基础设施建设的先进个人，增强其正面影响，还应该采取适当行动加以推广，在与村民合力监督的基础上共同营造良好的氛围。

第四节　大气监测对农村生态环境的作用及其应用策略

一、大气监测对农村生态环境的作用

（一）强化大气污染治理的事前预防

对于大气污染防治而言，我国大部分地区很少进行事前监测和预防。如今，在大气监测技术的支持下，环保部门能够及时发现大气污染的苗头，并提前采取措施避免污染扩大化。通过应用大气监测技术，可以实现防治结合，强化大气污染的事前预防。

（二）提升大气污染监测精准度

传统的大气环境监测设施设备相对落后，导致大气环境监测精准度不足，影响生态环境部门对空气污染程度的判断，很难正常推进大气污染防治工作。大气监测技术的应用，可以使大气污染监测精准度得到有效提升，为大气污染防治工作的开展提供可靠的数据支撑，便于监测人员通过查看监测设备上的数值来判定大气污染的程度，并及时采取相应的防治措施。

（三）实现远程监测和实时监测

通过应用大气监测技术，监测人员可以利用互联网及时接收环境监测信息，判定是否存在大气污染问题，以此实现大气污染防治中的远程监测。同时，监测人员可以实时监测区域内的大气情况，一旦有异常情况出现，可以及时发出预报，并将区域内的大气情况上传监测中心，以便监测人员及环保部门及时采取措施，避免污染问题严重化。

二、大气监测在农村生态环境中的应用策略

（一）强化大气监测技术的研发创新

如今，大气污染物朝着多样化、复杂化的方向演变，其监测难度越来越高，这就对大气监测技术提出了更高的要求。所以，为了更高效地开展大气环境监测工作，环保部门有必要加强对大气监测技术的研发创新，提升大气监测技术的全面性、系统性和精准性，从而实现大气监测技术、环境监测设备的良好应用，减少大气环境监测的误差。同时，不同地区的气候环境和大气运动存在差异，这也在很大程度上制约了大气监测技术的创新。环保部门在推进大气监测技术研发及应用的过程中，应该对地区的气候条件进行充分考虑，确保创新的大气监测技术可以在大气污染防治工作中得到更好的应用。

（二）推进大气监测队伍建设

为了有效加强农村大气污染防治，保证大气监测技术的合理应用，环保部门应推进当地大气监测队伍的建设。一方面，环保部门要强化专业培训，使监测人员具备先进的大气环境监测知识，能够熟练运用大气监测技术和大气监测设备开展大气污染防治工作；另一方面，环保部门需要强化思想政治教育，使大气监测人员意识到自身工作的重要性，在大气污染防治期间积极履行职责，积极运用先进的大气监测技术。另外，环保部门也需要通过引进优秀人才的方式推进大气监测工作队伍的建设，不断为大气监测队伍注入新鲜血液。

第六章 生态环境评价与可持续发展

针对具备多样性和复杂性的各类生态环境，要达到合理、精确地对其进行生态环境质量评价的目的，关键在于评价方法、评价指标等的选取，以更好地促进生态环境的可持续发展。本章分为生态环境质量评价、生态环境影响评价、生态环境可持续发展的实施路径三部分。

第一节 生态环境质量评价

一、生态环境质量评价的内涵

对生态环境质量进行评价就是对城市建设影响范围内的生态系统进行评价，评价的主要目的就是了解区域内的生态环境特点和功能，明确城市建设对生态环境的影响性质和影响程度，从而确定相应的措施，对区域内部的生态环境功能和自然资源的可用程度进行保证。通过对生态环境的评价，明确开发建设者的环境责任，同时也能为区域生态环境的发展提供一定的科学依据，对改善区域内的生态环境质量具有一定的作用。

二、生态环境质量评价的方法

（一）指数评价法

我国现在所使用的技术统计方式以最小因子法、平方根调和平均法、加权和平方根、几何评价法和加权评价法为主。对水质量的评价标准则是采用以有序加权平均法以及乘法函数为基础的评价方式。而指数评价法在整个监测以及评价过程之中拥有着十分广泛的应用，能够有效地监测出环境的实时数据，其主要的应用范围包括人类居住环境周边的土壤、水资源等方面的鉴定，还包括生态足迹的模拟以及生态生产力的鉴定等多方面的检测。

（二）主成分评价方法

主成分评价方法是将多个环境质量影响因素进行有机整合，并且再对其进行有效分析，最后得出最少的几个指标。这种方法的评价机理是依据数学的原理来进行对应处理，能够根据评价对象的变化来进行综合性的解释。在这些年的环境质量检测过程中，相关的研究者对于水质量等进行了综合性的评价，而所使用的方式方法大多数都是主成分分析法，因为这种分析法能够做到将所检测出来的数据有效地保存下来。

三、生态环境质量评价的指标

（一）单维度的环境评价指标

所谓单维度评价指标，即一般情况下只会用于检测一种污染物的排放物，或者来检测不同污染物的同时排放。其中有一个明显要求，就是可以单独地评价周边环境。例如，空气环境指标，在国外，很多研究者们会把二氧化碳、一氧化碳以及二氧化硫作为检测环境污染物的恒定指标，水环境指标评价也是如此。而我国则会将很多的水污染物作为评价环境指标的衡量标准。此外，有一些质量检测人员还会把垃圾废弃物以及周边环境的土壤以及空气指标作为评价环境优劣的指标。这种单方面的环境评价指标具备更加清晰、更加透明化的数据显示，具有较强的连续性和便捷性。

（二）多维度的环境评价指标

多维度环境评价指标大多是会用于对多种污染物的综合评价之中，使用这种方式可以更有效、更整体地评价环境质量，主要目的就是通过这种综合性的评价方式总结对环境造成危害的各大因素，并以此为标准设立一个评价的指标。

与单维度环境评价指标相比，多维度环境评价指标具有更加简洁和全面的优点，但其缺点也十分明显，因为在全国范围内对于多维度的环境评价指标还没有统一设立衡量标准，各个地区由于存在不同的环境问题，多维度环境评价指标也各不相同，但是可持续发展的环境评价指标在整个评价体系之中是最终的目的，也是其环境质量评价的一项重要指标。

第二节　生态环境影响评价

一、生态环境影响评价概述

（一）生态环境影响评价的内涵

所谓生态环境影响评价工作，其实就是在通过项目实施规划之后对其可能存在的各种影响生态环境质量的因素进行综合评估和分析，从而发现项目在实施期间可能会造成的不良影响，根据评估的结果来制定对应的干预环境的相关措施。另外，还需要考虑各种生态环境问题，并进行详细规划，根据前期的评估工作结果来制定切实可行的预防措施，以此确保整个项目能够在顺利实施的同时不会对周围环境造成较为恶劣的影响。

（二）生态环境影响评价的功能

对于生态环境影响评价所能够实现的功能方面，第一，通过生态环境影响评价可以对项目开展前的选址进行科学与合理性的判断。在生态环境影响评价工作开展当中，首要的任务就是充分分析将要建设的项目其所处的地理位置，对其选址和布局进行全面调查，根据实际的情况以及选址建设后所带来的影响开展分析，进而制定出切实有效的防范措施，从而确保选址以及项目在布局上的最佳化。第二，生态环境影响评价还可以为环境保护提供指引，项目建设过程当中一定会涉及资源的消耗，同时也必不可少地会对周边的环境造成一定的损害，因此采取有效的防范措施将污染程度降到最低是项目建设当中尤其应当关注的工作。第三，在生态环境影响评价当中应当及时生成环境影响报告书，从而有利于专家对该项目所带来的生态环境影响特征以及重要性做到及时掌握。第四，在科学技术推动方面环境影响评价有着一定的帮助作用，在工作开展中由于会涉及自然科学当中的多种内容，因此开展生态环境影响评价对于相关的科学技术发展有着一定的促进作用。

（三）生态环境影响评价的特点

生态环境影响评价工作的切入点是合理规划和利用项目所拥有的资源以及充分了解所在环境，其目的是全面评价、查清项目所在地区的环境质量现状，并根据项目的特点和污染特征，预测其在实施后可能会造成的各种环境问题，并制定出可以预防、避免、减少环境污染的对策。

开展生态环境影响评价工作时，通常需要评价项目拟在地区的生态、水土、地表水、空气环境、社会经济、噪声以及有价值的景观要素，然后再根据对所有环境要素的识别、筛选、评价确定项目概况。开展生态环境影响评价工作时，需要与环境影响程度相结合，积极采纳公众意见，对比分析拟订方案，以此筛选出最佳的优化方案，突出环境敏感点。

（四）生态环境影响评价的重要性

1. 为环境工程奠定基础

生态环境影响评价是否准确可直接决定环境工程质量。在环境工程中，需要确保生态环境影响评价的准确性。基于此，在环境工程中，生态环境影响评价具有至关重要的作用。生态环境影响评价所涉及的方面内容较为广泛，包括土壤、水、植被地面、大气等，在建设环境工程前，需要通过生态环境影响评价环节对环境现状进行明确，对污染程度进行详细判断，并上报生态环境影响评价结果，在通过审批后可进行环境工作。由此可见，环境工程中，生态环境影响评价是重要的基础内容。

2. 为环境保护提供依据

当前，社会对生态环境保护给予了更多的关注与重视，作为环境工程的基础内容，为了能够使工业企业、人民生活、城市建设更好，生态环境影响评价在建筑工程行业、城市规划建设等多方领域中被广泛应用。在规划建设各项工程项目前，必须确保充分满足生态环境保护的各项要求，生态环境影响评价能够为不同领域的生态建设提供支持与依据。环境治理是环境工程中的重要内容。生态环境影响评价在防治、治理方面能够将更多的依据提供给环境工程，以此确保生态环境保护工作能够顺利进行。通过利用生态环境影响评价，对环境现状进行明确，通过对环境数据进行采集，明确环境污染程度，从而获取环境污染因素，为环境工程提供重要的数据支持，推动其顺利完成。

3. 实现环境污染源头治理

传统的环保方式主要是对已受污染区域进行调查，查明污染问题的根源，并采取有针对性的措施。然后，发布区域规划的整改指示和整改计划，并监督相关单位整改。虽然这种环保处理方式可以有效地改善环境问题，提高环保效益，但同时也带来了许多问题，如某些需要整改的企业，为落实下发的整改方案，必须停工停产，这不仅会减少该企业的经营收入，也会对当地的经济发展造成一定的影响。生态环境影响评价突破了传统环境保护模式的限制，把污染的问题从根源上消灭，从"先毁后治"的坏模式中解脱出来，同时让相关企业尽早地投入环境保护规划中来。因此，通过科学的技术与装备辅助，可以搞好环境的治理与源头控制，把破坏的根源扼杀在萌芽状态，这消除了先破坏后治理的不良格局，避免了后期治理困难、无法彻底恢复原有的生态环境等问题。

4. 推进环境规划的发展

借助生态环境影响评价工作的推行，能够知晓区域内部的环境容量，以此来推动环境规划获得更好的发展。对于并没有达到相关环境质量标准的城市来说，也需要制订详细周全的达标规划，并将其彻底地落实下去，只有如此才能够实现既定的环保目标。在社会不断发展的环节中，经济与环境是一体两面的，其正处于彼此促进、彼此制约的状态中。习近平同志也曾经提出："不仅要金山银山，还要绿水青山"的重大理念，这就要求我们遵循科学利用、不断开发的基本原则，合理地进行统筹规划，完善原有的功能定位。

二、生态环境影响评价存在的问题

生态环境影响评价工作具有应用范围广泛、规模较大等特征，各个单位在开展生态环境影响评价工作的过程中要充分做好深入规划工作。现阶段生态环境影响评价工作中主要存在以下突出问题。

（一）生态环境影响评价不及时

从新形势下我国生态环境影响评价的实际情况来看，其主要问题是不及时，这就导致很多项目在未批先建的情况下，造成了生态环境的污染问题。从这些项目建设的角度来看，负责人和相关管理人员不够重视生态环境影响评价工作，更多地将关注点放在了如何获得更高效益方面，导致项目建设期间采取粗放的管理模式和落后的技术手段，严重影响了周边的生态环境。

我国虽然在当前出台了一些生态环境影响评价法律法规，不过从生态环境影响评价工作落实的具体情况来看并不理想。很多项目的负责人员会拖延生态环境影响评价资金的支出，从而在资金不及时的基础上，打击生态环境影响评价工作人员的工作积极性和主动性，造成生态环境影响评价不够及时的问题，使生态环境无法得到有效保障。

（二）生态环境影响评价范围较窄

导致生态环境影响评价工作效率和水平降低的原因众多，环境影响评价范围过窄也是突出问题之一，对生态环境影响评价工作的开展产生了一定阻碍。在开展生态环境影响评价工作的过程中，很多工作人员未能深刻意识到拓宽评价范围的重要性，由此导致整体的生态环境影响评价工作效率降低。此外，部分参与生态环境影响评价的人员由于自身专业性不足，导致其不能全方位掌握环境影响评价的范围。通常来讲，生态环境影响评价会涉及部分政府规划和政策内容，但是实际的环境评价范围十分狭窄，在一定程度上限制了生态环境影响评价工作的管理质量和管理效果。很多生态环境影响评价工作还容易受到其他因素的干扰和影响，导致其存在缺陷会直接影响后期评价工作的有序开展。

（三）生态环境影响评价方式单一

新形势下的生态环境影响评价工作除了面临评价范围较窄的问题之外，还面临评价模式单一的问题。生态环境影响评价方式的单一会让很多参与生态环境影响评价的人员难以意识到优化生态环境影响评价模式的重要性，依然沿用过去落后单一的环境评价方法，难以充分发挥生态环境影响评价工作的核心价值，最终导致生态环境影响评价工作流于形式、浮于表面。

除此之外，环境评价方式落后会直接影响后期环境保护政策的出台。大众对环境保护工作越来越重视，生态环境影响评价工作也直接关系到城市今后的发展，如果城市依然沿用落后的环境评价方式，不仅会抑制生态环境影响评价工作人员的积极性，同时也会限制生态环境影响评价工作的有序开展。

（四）生态环境影响评价机构市场混乱

国家在生态环境影响评价工作方面作出了明确规定，由相关机构执行生态环境影响评价工作，但是在实施阶段，很多生态环境影响评价机构与相关单位没有严格按照政府提出的要求落实工作，不良行为影响到了生态环境影响评价工作的实施效果。研究当下负责生态环境影响评价的工作机构，发现有一部分机构资质达不到生态环境评价要求，降低了生态环境影响评价工作的整体质量。在环境保护市场中，存在以下情况：部分机构为了获取项目，盲目降低承接项目的价格，此种情况下，机构为了从项目中获得利润，便会降低工作标准，节省人力物力，使生态环境影响评价难以基于流程进行，弱化了生态环境影响评价工作的功能。当前生态环境影响评价机构市场环境较为混乱，没有建立健全合理的规范体制。

（五）生态环境影响评价技术方法不完善

由于现代化工程规模普遍较大，各相关单位普遍需要对其展开高层次规划，一方面会引起施工过程的动态变化，另一方面也使得生态环境影响评价具有不确定性。具体来说，由高层次规划模糊性和非线性所引发的生态环境影响评价不确定性体现为以下几个方面。其一，未来社会发展的不确定性；其二，技术发展的不确定性；其三，环境变化的不确定性。但是，对于上述不确定性问题，我国生态环境影响评价缺乏完善的技术方法，定量分析方法和数据统计分析方法的准确性较差，难以在决策中提供精确的环境评价结果，导致生态环境影响评价缺乏说服力。

（六）生态环境影响评价体系有待完善

在开展生态环境影响评价工作的过程中，如果前期未能制定科学、严密和系统的评价体系和对应的管理制度，在后期开展生态环境影响评价工作时容易导致规范性和科学性不足，降低工作的质量和效率。

生态环境的日益恶劣以及经济水平的不断提升已经让更多的人意识到生态环境保护工作的重要性。为了进一步改善自然环境质量，我国专门针对不同的地区制订了对应的环境管理对策以及相应的环境评价管理制度，要求各个地区的政府部门要牵头做好区域生态环境保护工作，让广大群众积极参与到地方环境保护工作中，切实提升群众的环境保护意识。但是，就现阶段的生态环境影响评价工作现状来看，很多地区所制订的环境影响评价制度体系或多或少都存在一定的问题，在一定程度上降低了最终的评价效果。

例如，在开展生态环境影响评价工作的过程中，很多单位并未完全结合实际环境案例进行分析，最终降低了生态环境影响评价结果的准确性，为后续制订对应的生态环境保护政策带来了不利影响。

由此可见，完善生态环境影响评价体系是目前急需做的。必须结合实际情况设计、制定生态环境影响评价体系，由于不同区域的环境问题存在一定差异，而影响生态环境影响评价的因素也各有不同，需制订针对性的管理方针和对策，这样才能有效提升生态环境影响评价工作的质量。

（七）生态环境影响评价公众参与存在问题

1.环境影响评价信息不对等

从实践中看，公示时间过短。无论是对环境有可能产生重大影响的工程建设，还是有可能对环境造成轻微影响的建设项目，以及有关工程专项计划的生态环境影响评价，征求公众意见的期限几乎都限定在最短期限。对环境可能产生重大影响的环境影响评价报告所要求的公众意见也只有 10 天，而大多数普通人不会每隔几天就到各个不同的网站上查询，或者很难恰在这期间到公示牌、报刊上了解相关情况，有些偏远地方的环境影响评价报告甚至根本没人关注。如果错过了公示时间，公众也无法查询到相关的环境影响评价资料，公众也很难在事中事后行使其参与权。信息对等是保证公众参与环境影响评价工作的重要前提。如果提前拥有足够多的环境保护信息，那么公众就不只是可以及时地认知自己的环保利益，还会及时地了解其他各种利益主体对于环保的诉求，充分地参与到环境影响评价过程中并提出有效的意见。而在目前来看，阻碍公众参与制度实施的最大障碍是信息缺乏和信息不对等。在生态环境影响评价的过程中，缺乏充分的资料和信息公开，往往会导致公众对主体项目不了解，公众当然也就没有办法向社会提出具有建设性的观点意见或者诉求。

2. 公众参与程度不高

近年来，出现了许多操纵公众参与的结果以实现自身利益的现象。由于环保行政部门埋头进行审批，公众参与的作用被边缘化，这其中社会公众对参与生态环境影响评价过程的积极性不足就是该类问题产生和形成的根本原因。但从生态环境影响评价工作的总体趋势来看，许多小项目大污染的环境影响评价情况没有得到足够重视。由环境保护部和教育部进行的一项研究调查结果显示：对于环境保护公众参与的情况不容乐观，参与的程度也不高，并且引入了两个量化参与情况的词汇，低度的参与和高度的参与。

3. 缺少意见表达途径

公众的诉求缺少意见表达途径，同时也缺乏集中意见的表达。征求公众意见多是采用问卷调查形式，听证会、公众座谈会、专家论证会等其他方式启用率极低。即使召开了听证会，但参加会议或者列席会议的公众代表仍由建设单位选定，而听证代表的选择事关听证会能否体现应有的价值。听证代表的选择权掌握在环境保护行政主管部门手中，并有很大的自由权，行政机关完全可以利用职权选择符合自身利益的代表参加听证，从而排除掉"另一种声音"，使听证程序流于形式，这显然与生态环境影响评价公众参与的初衷相违背。立法上的缺漏导致目前很多环境影响评价听证会效果参差不齐。

另外，公众提出诉求时常常缺乏集中有力的意见表达，个人与个人之间很难形成一致的利益主张和诉求，因此提出的利益诉求和建议比较分散，即使提出了有建设性意义的建议也往往很难受到重视。此外，分散的意见表达会消耗大量的注意力，使得投入与产出并不会成正比，严重影响观众的表达权落实。

（八）生态环境影响评价高水平人才缺乏

很多生态环境保护部门在开展生态环境影响评价工作的过程中，由于技术型人才不足，导致难以分析生态环境影响评价工作中的核心问题，一旦遇到比较复杂的环境问题，经常会因为经验和专业等因素降低生态环境影响评价工作的质量，难以保障最终的评价分析效果。

和其他的工作不同，生态环境影响评价工作涉及的专业比较复杂，在工作过程中往往需要应用诸多其他专业知识，如果参与生态环境影响评价的人员自身专业素质不足，不符合工作标准，在实际的生态环境影响评价工作中容易出现内容分析不全面、工作标准化不足等问题，不能有效解决城市的环境污染问题。就生态环境影响评价工作的实际开展情况来看，普遍存在参与工作的人员综合素质薄弱、专业性匮乏等问题。

在生态环境影响评价工作的开展过程中要因地制宜，结合当地的实际情况开展相应工作，借助标准化评价制度进行分析，然后给出对应的评价结果。然而，在具体的生态环境影响评价工作中，需要严格遵循生态环境影响评价工程程序图，但是仍有部分参与指标制订的人员未能深入细致地制订好指标，导致最终的环境评价结果误差较大。

由此可见，在开展生态环境影响评价工作的过程中一定要加强对专业人员的培养工作，采取各种方式提升评价人员的综合素质和专业水平。

三、生态环境影响评价完善的措施

（一）加强 GIS 技术的应用

1. 建立环境数据库

在生态环境影响评价中，应该先掌握各项环境信息，包括区域环境质量、污染源、项目信息等。环境信息数据丰富繁多、来源广泛，大部分都与空间位置有密切关系。为了更好地管理复杂繁多的信息数据，同时满足客观、及时、全面的需求，可以运用 GIS（地理信息系统）技术构建数据库，使用建库工具、编辑工具、属性输入工具等，在数据库中输入不同种类、来源的数据，并且对格式进行统一，实现数据的分类管理，确保各个数据之间有机连接，为后续分析工作奠定基础。具体包括环境标准数据库、环境质量信息与污染源数据库等。

2. 在各类项目中应用

GIS技术可以应用于各类生态环境影响评价工作中，包括区域、累积、战略等。①在区域生态环境影响评价工作中，坚持动态原则，综合分析，并模拟开发项目，确保项目布局的合理性，实现区域的可持续发展。GIS技术不仅可以管理地理区域复杂污染源信息，也可以管理环境质量等相关信息；不仅可以全面统计各项信息，也可以对各类环境影响因素的变化情况进行分析。可以叠置地理对象，相同区域中，在时段不同的情况下，可以对多个环境影响因素进行叠加，以此实现生态环境质量预测。②在累积生态环境影响评价工作中，就是分析和评估生态环境的累积变化过程，主要调查累积影响源，描述累积过程和累积影响，并估计过去、现在、未来人类活动可能造成的累积影响，预测社会经济发展的反馈效应。③在战略生态环境影响评价工作中，就是采用系统的方法，评估政策、规划、计划对环境的影响，确保决策初期可以充分考量环境、经济和社会因素，保障各个方面的和谐发展。

（二）更新环境影响评价方法

目前，我国大部分地区在进行生态环境影响评价工作时还是会用到网络法、矩阵法以及专家评价法等方法，而这些方式相对而言比较简单，虽然能够有效追踪到生态环境影响评价要素，并能实施动态监测、描述，但随着现代信息技术的不断发展和广泛应用，大部分项目以及环境资料也逐渐数字化，这些传统方法的弊端逐渐暴露出来，如定量化不够明显，关系较为复杂，工作人员在对其进行层次划分的时候难以组织。因此，随着未来信息技术的发展，这些简单的测评方法也势必会被数字化技术和方法所取代。

GIS生态环境影响评价方法是从传统图形叠置法发展而来的，其不仅便于理解，还能够更加直观地展现出项目所在空间分布的优点。且该技术是通过计算机工作的，数字化程度较高。利用该评价方法可以快速地联系自然、环境等相关特征以及图形数据信息，从而实现对环境的空间分析。但很多生态环境影响评价人员在使用该方法的时候主要停留在分析层面，没有形成一套完整的分析思路，因此在应用该评价方法时可以集合过去传统的分析法一起使用，以此提高环境影响评价效果。

（三）保障公众参与权利的落实

1. 加强生态环境影响评价信息的公开

（1）丰富信息公开方式

首先，要做到保证信息的充分披露。环境影响报告书征求意见稿的公示应通过网络、报纸、张贴公告等多种方式同步进行，当公布的环境信息不充分或者真实性受到质疑时，建设单位或规划编制机关还应采取进一步的措施，如通过微信公众号等渠道进行说明，来消除公众的质疑。

其次，建设单位或项目规划编制部门都需要尽可能地采用简明易懂的语言或图表来公开有关环境资源的信息。同时，也可以借助这种新媒体平台对这些专门性、技术性较高的资料和信息做出正确的解释或者说明，让公众充分地认识到该项目实际建设运营过程中可能会产生的各种环境危害以及能够采取的各种预防措施。

最后，建设单位或编制环评部门应当将相关资料发布到网站上，发布公告，详细地阐明公众参与生态环境影响评价的程序、步骤、时限和参与形式等，以便于公众能够更加具有针对性地提出自己的意见和共同利益诉求，从而在生态环境影响评价过程中更好地引入和接受公众监督。

（2）构建合理的信息处理机制

以往队公众意见的收集机制主要是依靠专业技术工作人员进行线下操作，通过对资料的搜集、甄别、分析、处理、整合等一系列流程后，向社会公开资料的采纳状态及其情况。如仅依靠工作人员的主观判断，可能存在所征求到的意见不具备代表性，工作费用成本较高等弊端。如果构建一个集信息披露、意见搜集、公众意见处理及其他意见反馈于一体的综合性信息处理机制平台，那么不仅能够让公众积极参与到环境影响评价过程中，也可以有效地处理意见收集和反馈。例如，生态环境影响评价的负责部门和项目建设单位经常通过微信小程序、公众号等多种新媒体向社会群众发布有关生态环境影响评价的信息，在影响范围内的公众都可以依据其所处的周边地理位置进行定位，能够在一定的时间内获得与其相关的环境信息。

2. 拓宽环境影响评价参与渠道

（1）公众参与方式多样化

在多种公众参与的模式中，听证会被认为是一种双向、互动的沟通交流与协商的模式。公众的任何一方都有权利自己提出其问题和建议，规划的编制管理部门或者工程建设单位的任何一方都有义务对其中的问题和建议意见内容做出解释和答复，同时双方也有权对其他相关的问题和内容进行探讨，是一种有效提升了公众满意度的参与方式。这种合理而有效的对话和交流沟通，规避了环境影响评价对象在实践中可能造成的各种环境危害和风险，及时有效地消除了公众的误解，防止了环境影响评价过程之中的利益冲突。但经查阅，生态环境保护部门鲜有通过召开听证会的形式向广大公众直接提出反馈意见，而且目前在实践中听证会的启用频率很低。

对于环境影响评价过程中质疑性意见较多的项目，应当给予公众自行申请环境影响评价听证会等权利，扩大公众参与的方式。以及为了保证举办过程的公平、公正，应当考虑选择没有任何利害关系的第三方作为主持人和记录人员，保障参与人员充分发表意见。

（2）确立环境利益代表人制度

如果公众以个人或者分散团体的方式参与到生态环境影响评价过程中，所形成的力量是松散的。因为在诉求中往往充满了各种多元的利益，甚至各个诉求会发生冲突，难以在生态环境影响评价上形成有序的群体性力量。

在实践中，被建设项目所影响的广大群众和各类社会团体不可能全部参与或者按照意愿参与到环评的过程中，难以确保征得的意见在评价中具有代表性。解决这种影响公众个人利益且参与性缺失问题的有效手段就是将各种分散的利益组织化。可以通过建立环境利益代表人制度，将各类利益的诉求进行内部协调与过滤，以组织化的形式将所有利益的表达集中到一起。

（四）打好环境影响评价的社会基础

为了保证生态环境保护工作有效推进，需要做好生态环境影响评价工作，并保障生态环境影响评价工作的质量，避免评价参数存在问题，从而为生态环境保护工作的实施提供有力帮助。为此，需要提高生态环境影响评价工作人员的专业素养。

在我国针对环保新形势的实际情况，加强做好文件指导与文件管理工作，落实好工作安排与工作规划。对生态环境影响评价工作要点进行归纳总结，主要包含以下几方面。①结合当前环境规划建设需求，对未来环保工作进行初步规划，从而为生态环境影响评价工作提出相应的要求，为加大生态环境影响评价管理力度提供重要帮助。②针对环境保护工作的实际情况，相关部门应当对生态环境影响评价工作提高重视，提高生态环境影响评价工作的社会地位，促使更多人才参与到生态环境影响评价工作当中，为保护环境提供有力帮助。③在生态环境影响评价工作中，相关部门应当利用电视台以及广播媒体等，做好宣传工作。④充分结合城市建设需求，确保生态环境保护工作有效落实，积极采取生态环境影响评价形式，做好生态环境检测管理工作，促使环境保护工作实施效果得到提升，实现改善环境的目标，为人民创造良好的生活空间，获得更多群众的认可。

（五）完善生态环境影响评价法律制度

为确保生态环境影响评价工作制度的有效落实，必须从法律层次为各项工作落实提供指导依据。对违背生态环境影响评价标准的项目，不仅要依法进行罚款，同时要责令其停工整改；对于触犯刑法的行为，要依法追责。我国现阶段生态环境影响评价法律不完善的事实客观存在，针对这一问题，国家职能部门首先要采取措施，针对行业发展和现实需求完善法律法规，确保法律条文与新时期环境保护工作要求高度契合。而对于生态环境影响评价中所产生的系列新问题，有关部门应着重注意立法的规范性和可行性，尽快补全相应法律法规，避免部分非法分子钻漏洞。其次，对于违反生态环境影响评价法律的人员，有关部门应按照规定对其进行处罚。最后，对于环保审批机构人员的违法行为，相关部门同样要注意加强监管，若证实其存在违法行为，要依法惩处。

第三节　生态环境可持续发展的实施路径

一、可持续发展的概念及内容

（一）可持续发展的概念

可持续发展的核心是发展，以经济发展为根本，将控制人口数量、提高人民素质的愿景与维持生态环境、永续利用资源的愿景相结合，形成可持续发展的基础，从而谋求社会的全面发展。因此，可持续发展是在人口与环境共同发展的前提下进行的经济和社会的协同发展，而社会只有全面贯彻以发展为前提，以人民为核心的发展理念，才能真正走可持续发展道路。

可持续发展是多样的，英国学者约翰·埃尔金顿（John Elkington）通过提出"三重底线"原则将其分为三个部分。第一层底线是生态底线，可持续发展也可以表达为生态的可持续发展，强调了自然资源的开发与社会整体的平衡发展。第二层底线在于社会层面，可持续发展是在生态可持续发展的基础上，对生活进行改善的一种方式，促进了社会的协同发展。第三层底线则是要从经济层面来看，可持续发展的本质还是为了社会经济能够得到长远发展。因此，社会中的每一分子都只有坚持以保护生态为前提，合理利用生态资源，才能使经济效益最大化。

因此，可持续发展是一种将生态、社会与经济融合起来协调发展的一种发展状态，这种发展既能满足当代人的需求，又为社会未来的发展打下了更为安全稳定的基础。

（二）可持续发展的内容

可持续发展的主要内容涵盖了经济、生态以及社会三方面。

1. 经济可持续发展

可持续发展不仅重视经济增长的数量，更追求经济发展的质量。经济与环境协调发展，实现"低投入、低污染、低消耗和高产化"的集约化、清洁化生产和消费模式。

2. 生态可持续发展

在追求经济与社会发展的同时注重保护自然环境，以可持续的方式使用和消耗自然资源和环境成本，使人类的发展控制在地球承载能力之内。

3. 社会可持续发展

社会可持续发展目标是实现整个社会全面、协调发展。社会可持续发展包括改善人类生活质量，提高人类健康水平，创造一个平等、自由，保障人权的社会环境。

二、生态环境可持续发展的必要性

中国在现代化建设中实施可持续发展战略，其必要性主要有以下两个方面。

（一）中国可持续发展的紧迫性

随着中国人口的不断增加，及消费水平的持续提高，中国面临各类污染物的治理和生态重塑等难题，需要以保护环境为手段达到社会稳定发展的目标，具体手段是实施有效的环境规制，合理分配资源，缩小贫富差距，保障人类健康，维持代际公平。

（二）中国经济转型迈向高质量发展

2015年，国家发布《关于加快推进生态文明建设的意见》。此后，绿色发展成为推动生态文明建设战略实施的重要手段。生态文明建设已经成为我国的一项基本政策，构筑生态文明是中国社会可持续发展的前提保障，同样也是中国走向高质量发展的必然选择。

三、生态环境可持续发展的路径探讨

（一）实施工业清洁生产

1. 资源的综合利用

清洁生产的最高目标在于工业生产所需的资源通过生产过程能全部转化为产品的物能构成，所以清洁生产的最主要措施就是综合利用生产资源使原料利用率得到最大限度的提升。所谓综合利用，即通过资源的综合勘察研究综合评价其使用功能、综合开发其整体效益、综合利用其物能价值，使资源和能源得到最大限度的利用，从而使废料和环境负荷得到最大限度的减少。

2. 不断改革工艺和设备

原料加工成产品的过程是通过生产工艺和设备与原料的结合来实现的，要不断提高原料和能源的利用率，就必须不断地利用新的科学技术改进生产工艺和生产设备。主要措施包括简化生产工艺流程和设备，生产过程连续化、集约化和规模化，改善生产环境和条件，改善和优化原料性能，提高自动化程度，改善设备功效，开发利用新科技和新工艺等，全面提高生产效率和物能利用率。

3. 加强厂内的物料循环

在生产过程中，最大限度地利用物质资源，主要是在生产过程中加强物料的循环利用，实现废料的最少化。其主要措施有生产过程中废料的回收、中间过程废料的循环利用、过程废料的低功能或其他功能利用。

4. 加强企业管理

清洁生产是企业管理的首要目标，强化污染的全过程控制，并落实到企业管理的各个层次。

5. 严格的末端治理

在生产过程中，产生一定量的生产废物是必然的，为了保证废料不产生相应的环境危害，就必须对其进行严格的防治性处理和安全处置，并与区域环境规划的目标相一致。

（二）发展农业循环经济

1. 农业循环经济发展的主要模式

我国农业循环经济发展起步较晚，发展模式、生产技术和保障措施尚不完善，但各个地区越来越重视农业循环经济的发展。目前，我国农业循环经济的发展主要有以下几种模式。

（1）政府主导大循环模式

政府干预管理，使各产业部门之间在量上形成按一定占比组建的多功能有机整体，在质上相互制约依存。在农业循环经济的各个生产环节中，不同的系统会在产出的中间产品与废弃物进行交换时，相互连接，逐步形成较为完整的农业生产系统产业链。

（2）以示范园区为主体的中循环模式

参照生态经济系统，将有关联、资源共享的多种农业生产组织在同一空间内，实施统一管理和运作，由此实现园区内资源利用率和生产效益的最大化，废弃物排放最小化。

（3）以企业为主的小循环模式

从清洁生产、绿色管理入手，以综合能力较强的农业生产和农产品加工企业为龙头，在这些企业间建立一体化经营循环经济模式，并通过这些企业的前后向拉动效应，形成独特的农业循环经济共存体。

（4）"家庭绿岛"式微型循环模式

以单独某个家庭为主体，将循环经济理念运用于家院内或周围的有限空间内，发展庭院农业，建立沼气池，实现肥料还田、沼气家用的快捷微型农业循环经济模式。

2. 农业循环经济的发展策略探讨

（1）制订农业循环经济发展规划

在了解我国农业资源和农村环境状况的基础上，将开发农村可再生资源、高效利用农业资源、有机转化农业废弃物资源、建设清洁型农村社区、制定保护湿地措施和规整植树造林区域和范围作为研究重点，明确我国农业循环经济未来的发展思路和目标，以及不同地区农业循环经济发展的模式和方向，建立相关配套措施，科学全面地制订我国农业循环经济发展规划。

（2）强化政府机制在农业循环经济发展中的作用

对于我国选择发展农业循环经济而言，这是一项具有全局性、长期性和战略性的任务，需要诸多方面的协同努力，而我国发展农业循环经济所需要调配的组织者和协调者必须依赖能够承担起这一艰巨任务的唯一可操作者—政府。政府应当组织生态经济领域的专家深入研究如何结合循环经济与农业生产实践，制定科学、合理的规划，以实现经济、社会和自然统一协调发展。将推动我国农业循环经济发展的措施提上日程，根据已有的经验和现有条件，制订一套能够带领农业循环经济生产主体积极奋进的干部考核指标，代替传统的 GDP 考核标准。

（3）优化农业区域布局，延伸农业循环产业链

根据我国各地区不同的天然资源优势和农业构造特点，有针对性地规划农业发展的区域布局，以循环经济理念为导向，因地制宜构建相应的循环农业体系。实施农业专业化生产，并与区域布局相协调，建立与我国发展农业循环经济需求相匹配的经营规模，为延伸农业循环产业链，提供适宜的原材料场所。通过这一系列的调整和优化，创造环保舒适的生活环境，为进一步推动美丽农村建设奠定良好基础。

（4）建设农业循环经济示范工程

将循环经济作为指导理念，并建立以其他投资为辅，政府投资为主的多元化投资体制，并围绕农业生产资源循环再利用、农业废弃物循环无害化处理、乡镇社区环保建设、生物质能研发与推广使用等方面建设一系列农业循环经济示范项目，积极探寻能够提升我国农业循环经济发展质量的新方向，使农业循环经济发展理念深入人心，普及每个乡村家庭。

（5）推动制度创新，制定相关法规和措施

目前，我国政府相关部门要努力推动制度创新，不断完善促进农业循环经济发展的政策法规体系，大力增加财政对农业生产的投入，推进农村金融市场化改革，建立相关的促进组织，加强农业基础设施建设和农业生产环境管理，为中国发展农业循环经济提供良好的生态环境参考。

此外，中国还应积极推进农村社会服务体系建设，为发展农业循环经济制订相应的法律保障体系和配套措施。同时，从财政补偿、生产技术等方面制定便利的优惠政策，切实推进农村基础设施建设。此外，要尽快制订农业生产清洁标准。

（6）积极开展宣传教育，切实推行理念与实践相结合

目前，我国政府和农业相关管理部门应该重新定位我国农业循环经济的发展。一是要深刻学习和领会，在不断实践的基础上积极推广发展农业循环经济的先进技术手段和循环经营理论。二是要通过互联网等信息技术设备广泛宣传，扩大普及范围，让带头人与广大人民群众真正团结在一起，营造良好的农业生产氛围。三是对已经享受到科技利民、便民、助民的试点农户进一步回访，并深化实践细节。

为了实现农业循环经济发展的可持续化、生态化和产业化，需保障每一位农户都享受到应有的金融财政补贴，都接收到先进生产技术的宣传，并且保证促进农业循环经济发展的政策措施能落实到位，做到不虚设，不空宣，不脱离实际。

（三）大力发展低碳经济

1.低碳经济的提出背景

2003 年，英国政府基于本国所面临的气候问题、能源问题等，率先提出了"低碳经济"这一概念，旨在解决经济发展与环境保护之间的矛盾，正确处理人与自然的关系。由于"低碳经济"这一概念指向了世界各国必须共同面对的环境问题，所以一经提出，就获得了世界范围内其他国家的广泛关注，多国表示认同与支持。中国政府一贯支持"低碳经济"，支持为了改善生态环境转变经济发展方式。至今，"低碳经济"在中国仍是一个热度较高的词汇，低碳经济也在迅猛发展，然而我国在低碳经济领域仍有许多问题要解决。

2010 年，中国首次将"低碳经济"正式写入政府工作报告，将其上升到国家层面重点发展。在当年的两会上，生态环保、可持续发展是一个重要的主题。全国政协"一号提案"的内容就围绕着低碳与环保展开。"低碳经济"作为当年要重点抓好的八个方面工作之一被提出来。

2010 年我国政府工作报告指出："大力培育战略性新兴产业。国际金融危机正在催生新的科技革命和产业革命。发展战略性新兴产业，抢占经济科技制高点，决定国家的未来，必须抓住机遇，明确重点，有所作为。要大力发展新能源、新材料、节能环保、生物医药、信息网络和高端制造产业。积极推进新能源汽车、'三网'融合取得实质性进展，加快物联网的研发应用，加大对战略性新兴产业的投入和政策支持。"

发展"低碳经济"是应对全球气候变化的必然要求。2009 年哥本哈根气候变化大会的召开，首次将低能耗、低污染、低排放（主要指温室气体的排放，其中，二氧化碳是一种主要的温室气体）的"低碳经济"呈现在世界各国面前，这意味着发展"低碳经济"已经成为世界各国的共识，其发展大势将不可阻挡。许多发达经济体都已将发展低碳经济、清洁能源、生物产业作为走出金融危机的新举措。在这样的背景下，随着中国对世界经济的影响力逐步增强，越来越多的国家要求中国承担其作为大国应有的责任。

中国发展低碳经济，不仅体现出了其作为大国在全球治理中应有的担当，更是转变自身经济发展方式的必然要求。然而，我国的低碳经济发展面临着诸多挑战。由于低碳技术的特殊性，其涉及了电力、交通、建筑、石化等多个重工部门以及可再生能源开发利用等领域。虽然我国经济发展进入了新常态，经济增速逐渐放缓，作为过去拉动经济发展重要马车的重化工业、基础设施建设的发展呈现出缓步态势，但体量之大仍对能源供给提出了较大的需求；且我国仍处于现代化发展的重要阶段，这种能源需求的快速增长无法在短期内实现改变。

所以，低碳经济在我国的发展面临诸多挑战，处于一定的困境之中。而这种困境的出现，是多方面因素的共同作用导致的，影响我国低碳经济发展的因素广泛存在于各个领域，经济上、技术上，甚至在外部环境中，也存在着不利因素；然而在这些因素之中，制度因素能够产生较大的影响，但容易为人们所忽视。

2. 低碳经济的概念界定

关于低碳经济概念，目前还没有一个统一的界定，低碳经济概念可以分成狭义和广义两种，狭义的低碳经济是指通过减少能源消耗来修复生态环境。广义的低碳经济是指在减少能源消耗的同时提高生产效率，在不对环境造成污染的情况下追求经济高质量发展。二者共同之处在于都旨在解决人类的生存发展问题。其不同之处在于狭义的概念迫切需要解决的是生态环境急剧恶化的当下问题。狭义的低碳经济是在微观上提高能源利用率，从而达到低碳排放，解决现实问题；广义的概念则考虑的是长远发展。狭义的低碳经济适用于低碳社会发展初期，广义的低碳经济才是低碳社会追求的最终目标。

3. 推动低碳经济发展的路径

（1）实现低碳生产

为了更好地推动我国低碳经济的深入发展，要努力落实低碳生产。低碳生产是我国持续稳定发展所必需的主要生产方式，实现大规模的低碳生产并不一定意味着实施大规模的节能减排。

就我国经济发展的现状来看，大规模的节能减排是不现实的，所以要强调低碳生产的优先性，最大限度地实现节能减排，如减少生产过程中二氧化碳等温室气体的排放。从社会生产的各个环节出发，加强源头控制，实现能源的高效、综合利用。

在这个过程中，每个人都应充分发挥作用，减少自身的碳排放。实现低碳生产是循序渐进的过程，在逐步转变经济结构的同时实现"轻生产"计划，逐步摆脱中国传统工业的重工业生产。真正的转型是发展绿色服务业，进一步降低我国的碳排放总量，实现低碳生产，减少二氧化碳等温室气体的过量排放，促进我国低碳经济的发展。

（2）实现低碳消费

动员公众参与低碳排放、绿色循环的社会经济发展和商业实践，能更好地促进我国低碳经济的发展。

一方面，从日常生活的各种消费、衣食住行问题出发，每个人都应树立健康的低碳意识，在做出消费决策时，还要尽可能地考虑影响家庭开支的一切因素，合理避免过度浪费。旅行和购物时，尽量使用小排量汽车出行，或尽量使用公共交通工具出行。在工作和生活中，尽可能多地使用手机、电子邮件等传输信息，减少打印机和传真机的使用，节约用纸。外出和在家休息时，应及时、适当地关闭电脑或显示器。

另一方面，在发展规划的研究和实践中，要积极推动生态循环产业的发展，加快低碳排放和城市建设的进程，利用生态节能技术实现生态城市群效应，促进节能减排、环保减排专项工作有效、持续、健康地发展。相对而言，居民的健康低碳排放和绿色消费模式具有相当高的实现度，可以直接促进我国低碳排放的实现、推动人类社会低碳经济模式的良性发展。

（3）大力发展可再生能源

在当今世界推广高效、低污染、低碳的可再生能源，是推动经济增长最快、最重要的动力之一。毫无疑问，我国正在大力推动高效、环保、可循环、可再生能源的有序发展。在我国传统的能源结构中，化石能源仍是主要能源，在能源消耗系统中的占比甚至接近70%。化石能源释放了大量的温室气体，最终会导致生态环境的恶化。这种经济发展是以牺牲物质资源和生态资源为代价的，显然不能适应现代社会的发展。

因此，仍需大力推进各类高效、可替代、可再生能源的开发和利用，实现我国能源结构的进一步调整。我们必须注重新型能源技术产品和各种优质清洁能源的生产，努力实现自给自足，同时减少温室气体的排放，实现经济和生态建设全面、绿色、协调发展，进一步实现环境保护。一方面，要确保风能、太阳能等新能源得到充分、广泛的利用；另一方面，要充分提高能源的利用率，使能源以高效、可持续的方式进行消耗，减少各个城市的温室气体排放，从而更好地促进我国社会节能、低碳排放、低碳经济的进一步发展。

（4）提高低碳经济技术水平

①加大资金投入力度。对低碳产业投资布局进行调整，加大对环保能源的研发和应用力度，通过提升传统能源的利用效率来促进碳排放的有效降低。研究结果显示，低碳技术的科研投入情况与碳排放情况之间的关系具有正相关性，但与发达国家相比，我国无论是在低碳技术等的资金投入方面，还是在整体的科技水平方面，都存在着一定的距离。从这个角度来说，未来我国应该把环境能源作为重点科研投入对象，要对环保问题给予足够的重视，利用多种途径为科研工作提

供更多的资金，如成立科研专项基金等，从政策和资金两个层面入手，为碳排放量的降低、能源利用率的提升提供更多的支持。科研工作是一项高风险、长周期的工作，特别是在初期阶段，无法带来经济效益，存在着大量的资金需求。这就要求政府和企业从战略角度出发，意识到技术的重要性，将更多的投资应用于低碳技术的研发工作。从政府的角度来说，可以为未来发展前景较好的技术研发提供一定的资金扶助，也可以实行税收减免政策，为研发工作的持续进行提供保障。从企业的角度来说，应该对技术的研发与创新给予足够的重视，对自身的发展基金进行合理应用，跟随时代步伐来发展核心科技。在低碳技术日渐成熟的情况下，高能耗、高污染的落后产业将难以维系，产业结构由此将会发生变化，低碳化发展的目标将会逐渐实现。

②完善我国的产业结构。从目前国内外的调研结果来看，在不同产业之间或各个产业内部进行调整优化能够有效减少碳排放量，在工业化日渐成熟的过程中，将呈现出新的产业结构，而投入高、排放高、能耗高的落后产业结构终将被淘汰。为了促进我国低碳技术水平的提升，我国政府应大力发展第三产业，走新型工业化道路，以低碳的第三产业取代第二产业的主导位置，以信息化带动工业化。

因此，可以从以下几点入手来调整我国的产业政策。首先，加快落后产能的淘汰速度，发展低碳化产业结构，以低碳产业来取代高碳产业。其次，推动低碳技术实现市场化和产业化，在设计、研发、营销等重要环节做出创新，大力发展低碳产业共性技术，建立合作研究制度。再次，为"高碳"行业设置更高的门槛，对产业结构以及行业内部结构进行调整和完善，减少高能耗行业的占比，如有色金属、钢铁等行业，对企业目前所使用的传统生产工艺进行创新，推动企业将更多的资源和精力用于产业升级与技术改造，对高碳排放产业的发展速度进行合理控制。最后，大力发展高新技术产业和新兴行业，如电子信息、节能环保、新材料制造等行业，减少碳排放来源，推进低碳化进程。

参考文献

［1］孙秀玲.建设项目水土保持与环境保护［M］.济南：山东大学出版社，2016.

［2］林卡，黄蕾，白莉，等.海洋生态环境保护与舟山群岛新区建设［M］.杭州：浙江大学出版社，2017.

［3］高秀清.农村生态环境建设与清洁能源技术［M］.北京：中国水利水电出版社，2017.

［4］任亮，南振兴.生态环境与资源保护研究［M］.北京：中国经济出版社，2017.

［5］习近平.决胜全面建成小康社会夺取新时代中国特色社会主义伟大胜利：在中国共产党第十九次全国代表大会上的报告［M］.北京：人民出版社，2017.

［6］卓光俊.环境保护中的公众参与制度研究［M］.北京：知识产权出版社，2017.

［7］刘岩，郑苗壮，朱璇，等.世界海洋生态环境保护现状与发展趋势研究［M］.北京：海洋出版社，2017.

［8］张艳梅.污水治理与环境保护［M］.昆明：云南科技出版社，2020.

［9］李燃，常文韬，闫平.农村生态环境改善适用技术与工程实践［M］.天津：天津大学出版社，2018.

［10］卢远.区域生态环境遥感监测与评估实践研究［M］.长春：东北师范大学出版社，2018.

［11］胡雁.基于大数据技术的环境可持续发展保护研究［M］.昆明：云南科技出版社，2020.

［12］王佳佳，李玉梅，刘素军.环境保护与水利建设［M］.长春：吉林科学技术出版社，2018.

［13］梁志峰，唐宇文.生态环境保护和两型社会建设研究［M］.北京：中国

发展出版社，2018.

[14] 王平，徐功娣.海洋环境保护与资源开发[M].北京：九州出版社，2022.

[15] 谢云成.基于可持续发展的环境保护技术探究[M].北京：中国原子能出版社，2019.

[16] 田春艳.法治视阈下农村生态环境治理研究[M].天津：南开大学出版社，2019.

[17] 王月琴，李鑫鑫，钟乃萌.环境保护与污水处理技术及应用[M].北京：文化发展出版社有限公司，2019.

[18] 鲁群岷，邹小南，薛秀园.环境保护概论[M].延吉：延边大学出版社，2010.

[19] 冷罗生.当代环境保护问题的法律应对[M].北京：知识产权出版社，2019.

[20] 龙凤，葛察忠，高树婷.环境保护市场机制研究[M].北京：中国环境出版社，2019.

[21] 张永昌，谢虹，焦刘霞.基于生态环境的水利工程施工与创新管理[M].郑州：黄河水利出版社，2020.

[22] 代丽华.国际贸易与生态环境：影响与应对[M].北京：知识产权出版社，2020.

[23] 李林.大气环境与健康[M].天津：天津科学技术出版社，2021.

[24] 毋瑾超.浙江省海洋生态环境保护实践与发展规划[M].北京：海洋出版社，2020.

[25] 赵国莲，郭瑛，公静.环境保护与废弃物处理技术研究[M].北京：文化发展出版社，2021.

[26] 李道进，郭瑛，刘长松.环境保护与污水处理技术研究[M].北京：文化发展出版社，2020.

[27] 刘志强，季耀波，孟健婷，等.水利水电建设项目环境保护与水土保持管理[M].昆明：云南大学出版社，2020.

[28] 武云飞，段银凤，李会民.植物对生态环境的影响与评价[M].昆明：云南科学技术出版社，2021.

[29] 闫学全，田恒，谷豆豆.生态环境优化和水环境工程[M].汕头：汕头大学出版社，2021.

［30］郭大林.跨区域生态环境协同执法机制研究［M］.北京：中国政法大学出版社，2021.

［31］瞿沙蔓.现代环境保护与可持续发展研究［M］.北京：中国原子能出版社，2022.

［32］柯金良，蜀光.联合国环境和发展大会报道［J］.世界环境，1992（02）：2+46.

［33］岩流.《全国生态环境保护纲要》环境理论上的重大突破和创新［J］.中国环境管理，2002（02）：3-7.

［34］唐小平，黄桂林.中国湿地分类系统的研究［J］.林业科学研究，2003（05）：531-539.

［35］衣伟宏，杨柳，张正祥.基于ETM+影像的扎龙湿地遥感分类研究［J］.湿地科学，2004（03）：208-212.

［36］屈强，张雨山，王静，等.新加坡水资源开发与海水利用技术［J］.海洋开发与管理，2008（08）：41-45.

［37］6月纪念日由来［J］.科学生活，2008（06）：29.

［38］马祖陆，蔡德所，蒋忠诚.岩溶湿地分类系统研究［J］.广西师范大学学报（自然科学版），2009，27（02）：101-106.

［39］沈桂花.美国水资源多层次治理体系及其对中国的启示［J］.晋中学院学报，2018，35（06）：9-13.

［40］许国栋，高嵩，俞岚，等.新加坡新生水（NEWater）的发展历程及其成功要素分析［J］.环境保护，2018，46（07）：70-73.

［41］郝敬锋，谭丽萍.新加坡水资源可持续开发与综合利用策略研究［J］.能源与环境，2019（01）：14.

［42］张鹏，颜修刚，肖志，等.贵州麻阳河国家级自然保护区河流湿地资源调查及保护建议［J］.贵州农业科学，2019，47（06）：135-138.

［43］刘超，闫强，赵汀，等.美国水资源管理体制、全球战略及对中国启示［J］.中国矿业，2019，28（12）：28-33.

［44］尹俊.生态文明建设攻坚期农村生态环境治理的思考［J］.连云港师范高等专科学校学报，2019，36（04）：41-44.

［45］薛澜.学习四中全会《决定》精神，推进国家应急管理体系和能力现代化［J］.公共管理评论，2019，1（03）：33-40.

［46］马亮，汤姆·克里斯滕森，黎宇.中国中央政府机构改革：历史与意涵［J］.

国际行政科学评论（中文版），2020，86（01）：87-106.

［47］王谦．环境监测在生态环境保护中的作用及发展措施研究［J］．皮革制作与环保科技，2021，2（22）：36-38.

［48］陈佳俊．生态环境保护与农村经济的可持续发展分析［J］．山西农经，2021（22）：142-143.

［49］杜卫斌，陈明月，杜勇．生态环境保护下城市规划生态化设计研究［J］．城市住宅，2021，28（11）：149-150.

［50］屈泓江．生态环境保护中环境监测的应用［J］．皮革制作与环保科技，2021，2（21）：33-34.

［51］单垚森．低碳经济背景下环境监测对生态环境保护的影响［J］．冶金管理，2021（21）：171-172.

［52］王晓玲．关于加强生态环境保护打造绿色发展新动能的几点思考［J］．皮革制作与环保科技，2021，2（20）：28-29.

［53］黄紫涛．生态环境保护对城市可持续发展的影响探讨［J］．能源与环境，2021（05）：108-109.

［54］徐惠娟．探析生态环境保护中环境监测的应用［J］．皮革制作与环保科技，2021，2（19）：32-33.

［55］冯淇．生态环境保护中环境监测管理分析［J］．清洗世界，2021，37（09）：89-90.

［56］黄俊桦．我国生态环境保护的现状及发展研究［J］．资源节约与环保，2021（09）：28-29.

［57］廖惠玲．大气环境污染监测及环境保护措施［J］．皮革制作与环保科技，2021，2（14）：30-31.

［58］姚家明．整体性治理视域下中国水资源治理体系现代化路径探析：以新加坡水资源管理模式为例［J］．湖北农业科学，2022，61（07）：192-196.